华北粮食作物对气候风险的响应机理与适应能力评估

Response Mechanisms of Cereal Crops to Climate Risk and Assessment of the Adaptive Capacity in North China

居　辉　刘　勤　王志敏　翟建青　等　著

U0223814

科学出版社

北京

内 容 简 介

华北是我国小麦和玉米重要的生产基地，气候变化及极端天气/气候事件给区域粮食生产带来诸多影响。考虑到我国粮食生产格局及气候变化趋势，阐明气候风险及其对华北粮食作物的影响，并采取适应技术对策，将成为保障国家粮食安全的重要举措。本书基于作者多年气候变化数据与农业相关科研工作积累，以华北为关注区域，从粮食生产、气候变化、作物响应、水资源利用综合角度，系统阐述了华北粮食作物生长季气候变化特征、作物对高 CO_2 浓度及气象胁迫的响应机理、极端气候对作物产量的影响、灌溉对干旱的减损能力等内容。本书将华北农业生产的区域气候特征，作物植株对气象胁迫的响应、气候变化对作物产量的影响等内容多层级逐步深化，阐述了气候变化与作物生产能力的关联性，以期为区域气候资源高效利用、气象灾害防御减损、适应技术能力建设提供理论支持和适应对策选择。

本书可为农业气象领域的科研机构、技术推广、职能管理等相关部门读者提供理论借鉴和实践参考。

图书在版编目（CIP）数据

华北粮食作物对气候风险的响应机理与适应能力评估 / 居辉等著. --北京：科学出版社，2025.3. -- ISBN 978-7-03-081125-7

Ⅰ. S51；S42

中国国家版本馆 CIP 数据核字第 2025UM0252 号

责任编辑：李秀伟 / 责任校对：杨 赛
责任印制：肖 兴 / 封面设计：无极书装

科 学 出 版 社 出版

北京东黄城根北街 16 号
邮政编码：100717
http://www.sciencep.com

北京中科印刷有限公司印刷
科学出版社发行 各地新华书店经销

*

2025 年 3 月第 一 版 开本：720×1000 1/16
2025 年 3 月第一次印刷 印张：13 1/4
字数：268 000
定价：168.00 元
（如有印装质量问题，我社负责调换）

著 者 名 单

（按姓氏汉语拼音排序）

陈　蔚	陈敏鹏	高海河	韩　雪	郝兴宇
胡桂涛	居　辉	李　响	李翔翔	李迎春
刘　江	刘　勤	刘洪滨	刘卫国	石　英
孙源辰	王小春	王鑫彤	王志敏	徐建文
杨建莹	杨文钰	杨佑明	雍太文	翟建青
张馨月	赵风华			

前　　言

　　农业稳定是社会发展的根基，产量波动不仅影响粮食安全和居民生计，也关系到国家战略规划和持续发展能力。对于气候均态变化对农业的影响，国内外开展了大量相关工作，我国《气候变化国家评估报告》以及联合国政府间气候变化专门委员会（IPCC）的系列评估报告，都取得了相当丰富的科学共识，对指导我国农业战略发展及实现国际 2030 可持续发展目标起到了极大的科技支撑作用。但通过以往的研究工作，作者也意识到，异常气候对农业生产冲击性更强，影响更为剧烈。关注气候变化背景下，异常气候对农业的影响及应对策略对当前农业发展和粮食安全更为迫切和重要。农业领域由于其面对气候变化的脆弱性相对明显，很多极端气候及气象灾害的科学基础理论和具体适应技术都尚在探索中，相关内容包括作物不同生育阶段和气候变化的协同互作关系、阶段性气候波动对农业的影响，针对不同灾害性天气的农业适应技术等，都亟须深入研究与长远规划。

　　华北作为我国小麦、玉米等作物的重要生产基地，对保障国家粮食安全至关重要。以往我国在气候变化与农业方面的工作，多集中于气候均态变化影响以及适应策略。在近些年的农业实践过程中，观测到作物生长季异常气候出现了新特征，相关科学研究也确信未来极端气候频率和强度将明显提高。针对气候变化背景下农业气候环境变化，保障国家粮食安全将面临额外增量挑战。基于研究团队的工作积累，以及当前气候变化与农业亟待深化的科学问题，本书依据华北气候变化趋势特征，分析了农业气候风险时空格局，细化阐述了小麦和玉米对灾害天气的响应机理，探索了华北粮食生产对气候变化的适应技术，提出了冬小麦－夏玉米轮作适应种植模式，以期为气候变化背景下华北粮食生产以及灾害风险防御提供理论基础，提升华北农业应对气候变化能力，巩固粮食安全基础和农业可持续发展态势。

　　本书在对未来气候均态变化的科学认识基础上，延伸到了气候变化下的农业气候资源格局、作物对灾害天气响应机理、区域适应潜力和作物技术管理模式，主要的内容如下：第一章介绍了华北农业生产概况及气候资源变化，对气候变化及农业生产中常见的灾害性天气进行了要素因子变化和灾害类型分析；第二章介绍了华北极端气候指数的时空演变，从与温度和降水相关的极端气候演变，分析了华北农业相关的霜冻日数、暴雨强度、连续干旱等气候指数演变过程，为气候变化下的灾害风险评判提供参考；第三章介绍了华北作物生长季气候变化及农业灾害风险，主要概述了华北气温、降水及干旱等变化趋势，并确定了气候变化空间格局；第四章介绍了冬小麦对阶段性气候风险响应的生理生化机制，采用预设环境试验方法，从生理生化角度阐述了小麦对气象环境的响应过程；第五章介绍了气象胁迫对夏玉米生长和产量的影响机理，紧密结合未来不同时期的灾害天气过程，更为关注玉米关键生育期气象胁迫的影响及生理生化反应；第六章介绍了冬小麦对高 CO_2 的光合生理响应及产量效应，CO_2 等温室气体过量排放是造成气候变化的主要原因，本章阐述了 CO_2 浓度升高对小麦光合生产和产量效应的影响，为适应气候变化技术路径提供理论基础；第七章介绍了未来气候变化对作物减产的影响，突出华北未来气候变化趋势，并采用作物模型嵌入未来气候变化情景，预估未来华北小麦生产能力变化；第八章通过作物模型模拟方法，系统阐述了未来气候及气候要素变化对冬小麦的影响，并确定了干旱敏感期和产量损失；第九章介绍了适应干旱的灌溉技术补偿能力评估，以当前华北与气候关系紧密的水资源条件，预估了未来华北小麦生产干旱风险和灌溉技术减损能力；第十章介绍了冬小麦—夏玉米抗逆减损生产系统，结合当前农业实际生产状况，从华北冬小麦—夏玉米周年生产过程中，提出具体适应技术和实施方法；第十一章介绍了气候变化对水资源的影响及适应能力，由于华北地区整体水资源极度匮乏，干旱是农业生产主要限制因素，从水资源角度评估了气候变化对区域水资源的综合影响，为农业灌溉用水潜力提供参考；第十二章介绍了华北农业对气候灾害的综合适应能力，在具体技术基础上，全面分析华北农业基础设施条件对气候变化的适应能力，并提出了不同的适应对策方案。本书阐明了作物响应气候环境及灾害风险的生理生化机制，围绕华北干旱及水资源短缺的农业环境问题，提出了不同适应技术和种植模式实践方法，评估了应对干旱的灌溉技术减损能力，为区域农业可持续发展提供科学依据和实践参考。

虽然我国在气候变化对农业影响研究方面积累了一定的成果，但适应气候变化更需考虑未来不确定性灾害风险。气候随时间推移也不断演变，对气候变化的认识也是一个不断更新和发展的过程，确定适应能力也要紧密结合社会经济条件和国家宏观发展战略。受研究时限和知识水平所限，本书对华北气候灾害风险评判，作物产量和品质对灾害的响应、适应技术的应用及其社会环境限制等研究尚比较粗略。例如，气候变化风险的区域特异性，灾害风险和农业时空匹配关系，适应性技术措施的补偿作用，以及适应综合成效评估等内容，都还需进一步的研究和深化，很多气候灾害的农业影响也还需要结合灌溉水、土地利用和能源消耗等综合分析和科学认识。作者希望本书的出版可帮助读者建立对未来气候变化风险的基本认识并了解前瞻性技术准备，为开展适应行动提供一定的预判指导，为相关领域和部门制定合理防灾减灾策略提供参考，为确保我国粮食稳产增产提供科学支撑，也对国家适应行动发展有所贡献。

　　本书的撰写和出版得到了中国农业科学院农业环境与可持续发展研究所、农业水资源高效利用全国重点实验室、农业农村部农业农村生态环境重点实验室的大力支持，并获国家重点研发计划项目（2023YFD1701902、2023YFF0805900、2019YFA0607403）、国家自然科学基金项目（41961124007、41401510）和内蒙古自治区科技计划课题（2023YFHH0099）的资助，在此一并致以衷心感谢。虽然我们在撰写过程中竭尽所能，但由于水平和各种认识的局限，书中可能存在某些疏漏和片面性，请各位专家和读者给予批评指正！希冀共同携手为我国粮食安全及区域农业发展做出积极贡献。

著　者

2024 年 11 月 30 日

目　　录

第一章 华北农业概况及气候资源变化

联合国政府间气候变化专门委员会（IPCC）第六次评估报告指出，人类活动对气候系统的影响在不断增强，气候变化的危害和影响已经现实发生（Masson-Delmotte et al.，2021）。农业系统作为气候变化最敏感脆弱的领域之一，如何应对气候变化以确保粮食安全是我国乃至全球面临的重大挑战（Li et al.，2015；Ju et al.，2013）。华北平原是我国重要的粮食生产基地，气候变化显著改变了该地区农业气候资源、气象灾害和病虫害的发生规律和变化特征，并对农业生产潜力、作物种植制度和作物品质产生了不可忽视的影响（周广胜，2015；潘根兴等，2011）。本章分析了华北平原1961~2015年主要农业气候资源（太阳辐射量、降水、温度和潜在蒸散量）和主要气候灾害（气候干旱、高温、低温冷害和干热风）的变化特征，并利用未来气候情景数据，对未来干旱变化趋势做出细致探讨，以期揭示华北平原气候变化的基本事实和未来变化趋势。

第一节 华北农业生产现状

一、华北地理区位及气候状况

华北平原位于燕山以南、淮河以北（31°14′~40°25′N，112°33′~120°17′E），由黄河、淮河和海河冲积平原及部分丘陵山区组成，属半干旱、半湿润地区。年降水量 500~900mm，呈南多北少的分布格局，且季节分配不均，降水集中于夏季 7~8 月，其间降水量占全年的 45%~65%。年潜在蒸散量为 1000mm 左右，大部分区域降水处于亏缺状态，秋、冬、春三季均为水分亏缺的干旱期，小麦生长期内缺水达 150~200mm，全年水分支出大于收入，亏缺的水分约 400mm，是我国的干旱重灾区之一（杨建莹等，2010，2011）。

二、华北农业地位及种植制度

华北平原热量资源可满足喜凉、喜温作物一年两熟的要求，该区粮食作物种植主要为冬小麦—夏玉米周年轮作一年两熟制，是中国高度集约化农区和重要粮食主产区，现有耕地 3.66 亿亩（1 亩≈666.7m²），约占全国的 19%，小麦和玉米产量分别占全国总产量的 70%和 30%左右，在中国粮食安全战略中的地位举足轻重（Yan and Du，2023；梅旭荣等，2013）。根据中国农作制黄淮海平原半湿润暖温灌溉集约农作区划（刘巽浩，2002），将华北平原分为以下 6 个农业亚区：Ⅰ区，燕山太行山山前平原水浇地二熟区；Ⅱ区，环渤海滨海外向型二熟农渔区；Ⅲ区，海河低平原缺水水浇地二熟兼旱地一熟区；Ⅳ区，鲁西平原水浇地二熟兼一熟区；Ⅴ区，黄淮平原南阳盆地水浇地旱地二熟区；Ⅵ区，江淮平原麦稻二熟区。

三、粮食高产稳产需求与限制因素

华北平原是我国水资源严重不足的地区之一，人均水资源只有 790m^3，远远低于我国平均水平（梁缘毅和吕爱锋，2019）。其中冬小麦一般在上年 10 月播种，当年 6 月收获，整个生育期正值降水量相对稀少时期，生育期间的降水量在 125～250mm，占年降水量的 25%～40%，冬小麦生长季需水关键期降水稀少，只能满足小麦需水量的 25%～40%（梅旭荣等，2013），在冬小麦春季需水关键期（4～5月），同期降水量仅占需水量的 1/5～1/4，水分亏缺量达 200mm 左右（徐建文等，2014，2015），自然降水不能满足冬小麦生长的需要，需要补充灌溉实现稳产和高产目标。在华北小麦—玉米周年生产体系中，通常年降水量仅能满足农业用水的 65%左右。一般年份冬春雨雪少，气候干燥，积雪不多，春季温度上升极快，作物生长发育较迅速，春季干旱是该区小麦生产的重大威胁（Li et al.，2020；迟竹萍，2009；霍治国等，1993）。

第二节　观测到的气候变化趋势

一、太阳辐射量变化特征

依据中国气象局华北区域 54 个站点气象观测资料，华北平原 1961～2020 年年均太阳辐射量在 5281～5803MJ/m^2，整体上呈东北—西南逐渐减少的空间分布特征。江苏东北部、山东大部以及河北大部地区年均太阳辐射量在 5600MJ/m^2 以上，其中山东中北部达 5700MJ/m^2 以上，而安徽北部以及河南东部地区低于5600MJ/m^2，其中河南东部地区低于 5500MJ/m^2。

1961～2020 年太阳辐射量普遍呈下降趋势，变化速率在–22～–3MJ/(m^2·a)，绝大部分站点的变化趋势达到显著性水平（$P < 0.05$）。但太阳辐射量的年际变化趋势在空间上并不存在明显的区域性特征，其中下降速率在 15MJ/(m^2·a) 以上的站点占 29.3%，在 10～15MJ/(m^2·a) 的站点占 36.6%，在 10MJ/(m^2·a) 以下的站点占 34.1%。

二、降水变化特征

华北平原降水量空间分布不均的特点显著，呈现出北少南多的空间分布特征，区域间降水量差异最高可达 127.1%，河南—山东以北地区的降水量在 600mm 以下，而华北平原南部大部分地区降水量在 800mm 以上，其中安徽中部一带降水量在 900mm 以上。

1961~2020 年华北平原降水量的年际变化特征并不明显，但大部分站点呈微弱的下降趋势，仅在平原南部的部分站点有不显著的增加趋势。整体上来看，华北平原各站点年均降水量的变化趋势在-3.2~1.2mm/a，其中 8 个站点降水量呈增加趋势，占总站点数的 14.8%，且这些站点大部分集中在平原南部地区。

三、温度变化特征

华北平原年均气温在 10.7~15.9℃，其空间分布亦具有显著的纬向特征，表现为北低南高的特征。河北北部以及山东北部地区年均气温在 13℃ 以下，而河南大部以及江苏/安徽北部在 14℃ 以上，其中安徽北部在 15℃ 以上。

1961~2020 年华北平原年均气温呈增加的趋势，且绝大部分站点能够达到显著性水平（$P<0.05$），但这种增温趋势的空间差异并不明显。其中，增温幅度在 0.01℃/a 以下的站点占 19.5%，在 0.01~0.02℃/a 的站点占 43.9%，在 0.02~0.03℃/a 的站点占 25.0%，在 0.03~0.04℃/a 的站点占 11.6%。

四、蒸散量变化特征

华北平原年均潜在蒸散量在 968~1150mm，尽管存在一定的北多南少的空间分布特征，但区域差异不大。河南北部、山东中北部以及河北大部分地区在 1050mm 以上，而河南南部、安徽北部以及江苏北部地区在 1050mm 以下。

1961~2020 年华北平原年均潜在蒸散量表现为较为显著的下降趋势，年际趋势变化范围在-3.8~1.0mm/a，仅有零星站点呈不显著的上升趋势。其中下降速率在 3.0mm/a 以上的站点占 9.8%，且均达显著性水平（$P<0.05$）；下降速率在 2~3mm/a 的站点占 26.8%，且均达显著性水平（$P<0.05$）；下降速率在 1~2mm/a 的站点占 31.7%，均达显著性水平（$P<0.05$）；而下降速率低于 1mm/a 的站点占 22.0%。

第三节　农业生产面临的主要气候灾害

一、干旱

为分析华北平原气候干旱特征的区域性差异，根据中国农作制区划（刘巽浩，2002），华北平原可划分为 6 个农业亚区，包括以水浇地和农渔结合为特色的二熟区，以及麦稻轮作的江淮平原等区域（参见本章第一节）。利用通过有效性验证的标准化降水蒸散指数（SPEI）（李翔翔等，2017）对华北平原 6 个农业亚区多时间尺度的干旱演变进行分析，短时间尺度（如 SPEI-3）的干湿指数波动频繁，反映了短期降水对干旱程度的影响；随着时间尺度加大，波动周期相对较长，体现了干湿的季节性变化规律；长时间尺度（如 SPEI-12）干湿变化更为稳定，波动周期长，更能反映干旱的年际变化特征（Vicente-Serrano et al.，2009）。

从干旱指数的演变特征来看，华北平原 6 个农业亚区干旱发生具有明显的年代际特征。对于Ⅰ～Ⅲ区（图 1-1），干旱主要发生在 20 世纪 60 年代中后期（1965～1968 年）、20 世纪 80 年代初期（1980～1984 年）、20 世纪 90 年代末（1998～1999 年）和 21 世纪初（2002 年左右）；Ⅳ区有 5 条明显的干旱带，分别在 1966～1969 年、1981～1982 年、1989～1991 年、1996～1999 年和 2002～2003 年；Ⅴ和Ⅵ区具有相似的干旱分布，为 1966～1968 年、1978～1980 年、1995～1996 年、2001～2002 年、2010～2011 年和 2014 年左右。这与我国历史干旱资料记录较为一致，荣艳淑等（2008）指出的典型干旱年份如 1965 年、1972 年、1986 年、1997 年及 2001 年，以及几个典型干旱时期如 1965～1967 年、1980～1981 年、1991～1992 年、1999～2002 年以及 2006～2007 年在 SPEI 时间序列中均得到较好的体现，反映了 SPEI 在华北地区旱涝趋势分析中具有较好的适用性。

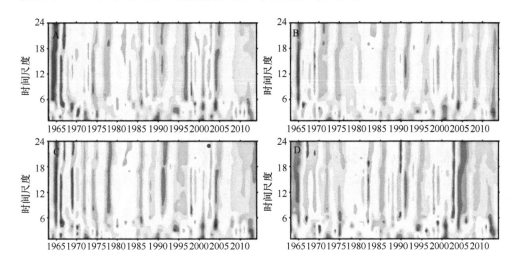

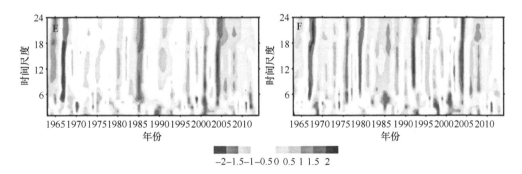

图 1-1 华北平原各农业亚区多时间尺度 SPEI 演变特征

A. Ⅰ区；B. Ⅱ区；C. Ⅲ区；D. Ⅳ区；E. Ⅴ区；F. Ⅵ区。

极端干旱. (, −2.0]；重度干旱. (−2.0, −1.5]；中度干旱. (−1.5, −1.0]；正常年份. (−1.0, 1.0)；中度湿润. [1.0, 1.5)；
重度湿润. [1.5, 2)；极端湿润. [2.0,)（下同）

华北平原各农业亚区干旱发生频率具有明显的年代际差异（表 1-1）。总体上看，华北平原干旱频率最高的年代是 1960s[①]，21 世纪以后干旱频率下降明显。Ⅰ区干旱频率最高的年代为 1960s 和 1970s，4 个时间尺度下 1960s 干旱频率分别为 25.00%、21.88%、16.67%和 21.88%，而 2000 年以后的干旱频率最低，分别为 13.33%、10.00%、8.89%和 7.22%；Ⅱ区干旱频率最高的年代仍旧是 1960s，各时间尺度干旱频率分别为 18.75%、23.96%、16.67%和 14.58%，2000 年以后最低，分别为 8.89%、9.44%、9.44%和 7.22%；Ⅲ区 1960s 各时间尺度的干旱频率明显高于其他年代，依次为 27.08%、26.04%、28.13%和 29.17%，2000 年以后干旱频率仍然最低；Ⅳ区 1960s 和 1980s 干旱频率差异不大，1970s 和 2000 年以后干旱频率较低；Ⅴ区 1960s 干旱频率依然明显高于其他年代，不同时间尺度干旱频率分别为 26.04%、26.04%、20.83%和 26.04%，2000 年以后干旱频率依旧处于最低；对于Ⅵ区，1960s 和 1970s 干旱频率差异不大，但是 1980s 干旱频率明显低于其他年代，分别只有 11.67%、12.50%、9.17%和 3.33%。

表 1-1 华北平原各亚区干旱频率的年代际变化特征 （%）

亚区	1960s	1970s	1980s	1990s	2000 年以后
Ⅰ区					
SPEI-1	25.00	24.17	15.00	18.33	13.33
SPEI-3	21.88	18.33	8.33	11.67	10.00
SPEI-6	16.67	16.67	13.33	11.67	8.89
SPEI-12	21.88	21.67	16.67	16.67	7.22

① 本书 1960s 表示 20 世纪 60 年代，2010s 表示 21 世纪第一个 10 年，2020s 表示 21 世纪 20 年代，以此类推

续表

亚区	1960s	1970s	1980s	1990s	2000 年以后
Ⅱ区					
SPEI-1	18.75	9.17	10.83	14.17	8.89
SPEI-3	23.96	11.67	11.67	14.17	9.44
SPEI-6	16.67	5.83	10.83	14.17	9.44
SPEI-12	14.58	2.50	10.83	17.50	7.22
Ⅲ区					
SPEI-1	27.08	22.50	13.33	13.33	15.56
SPEI-3	26.04	20.00	16.67	14.17	10.56
SPEI-6	28.13	19.17	15.83	15.00	7.22
SPEI-12	29.17	10.00	8.33	19.17	8.33
Ⅳ区					
SPEI-1	20.83	19.17	17.50	20.83	15.00
SPEI-3	19.79	13.33	20.00	17.50	12.22
SPEI-6	17.71	11.67	27.50	19.17	13.89
SPEI-12	31.25	4.17	35.83	20.83	12.78
Ⅴ区					
SPEI-1	26.04	15.00	12.50	16.67	14.44
SPEI-3	26.04	11.67	13.33	14.17	11.67
SPEI-6	20.83	11.67	14.17	12.50	10.56
SPEI-12	26.04	11.67	18.33	11.67	9.44
Ⅵ区					
SPEI-1	21.88	20.00	11.67	18.33	13.89
SPEI-3	27.08	21.67	12.50	18.33	15.00
SPEI-6	18.75	21.67	9.17	19.17	12.22
SPEI-12	26.04	19.17	3.33	22.50	14.44

二、高温

选取气候变化监测和指数专家组（Expert Team on Climate Change Detection and Indices，ETCCDI）定义的高温日数（日最高气温＞35℃的日数）、暖昼日数（日最高气温＞90%分位值的日数）和暖夜日数（日最低气温＞90%分位值的日数）对华北平原 1961～2014 年高温事件发生情况进行分析。

华北平原各站平均高温日数（日最高气温＞35℃的日数，图 1-2A）为 11d，1967 年最多，为 24.7d，2008 年最少，为 2.4d；从 10 年滑动平均来看，华北平原高温日数在年际间呈现出先下降（1961～1990 年）后上升（1991 年后）的波动变

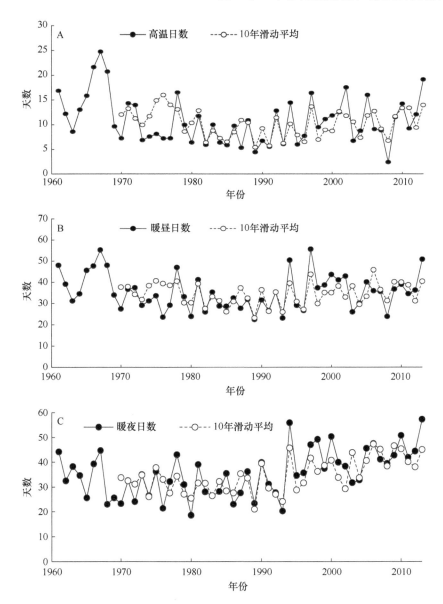

图 1-2　华北平原高温日数（A）、暖昼日数（B）和暖夜日数（C）年际变化特征

化，并且在 2000 年以后年均高温日数达到了 12d，略高于 1961~2014 年平均值；从年代际变化来看，高温日数在 1960s 最高，年均日数为 16d，1980s 最低，年均日数为 7d。暖昼日数（日最高气温＞90%分位值的日数，图 1-2B）与高温日数年际变化较为一致，年均暖昼日数为 36d，高于高温日数（11d）；其中，暖昼日数最高的是 1967 年，为 55.27d；同样，1961~1990 年呈波动下降趋势，而 1991 年

以后呈上升趋势, 2000 年以后年均暖昼日数为 37d, 略高于 1961～2014 年平均值。1961～2014 年暖夜日数 (日最低气温＞90%分位值的日数, 图 1-2C) 年均值为 36d, 与暖昼日数一致 (36d), 但暖夜日数的年际变化趋势与高温日数、暖昼日数均有差异; 从 10 年滑动平均来看, 暖夜日数在 1961～1991 年并未表现出明显变化趋势, 该时段的年均暖夜日数为 31d, 少于 1961～2014 年平均值, 而 1991 年以后年均暖夜日数为 42d, 明显高于 1961～1991 年时段。

从空间分布来看, 高温日数具有明显的空间分布特征, 表现为西南高、东北低的特征。高温日数的高值中心在河南省中部以及河北省南部, 年均高温日数在 15d 以上, 河北省中南部、山东省西部、河南省东北部以及安徽省北部地区高温日数在 10～15d, 北京、天津、山东省中北部以及江苏省北部在 5～10d。从暖昼日数来看, 华北平原大部分地区在 35～36d, 零星分布有 36～37d 的暖昼日数。暖夜日数与暖昼日数一致, 大部分地区在 35～36d, 36～37d 的暖夜日数分布较为零散。

三、低温冷害

选取 ETCCDI 定义的霜日日数 (日最低气温＜0℃的日数)、冷昼日数 (日最高气温＜10%分位值的日数) 和冷夜日数 (日最低气温＜10%分位值的日数) 对华北平原低温事件发生情况进行分析。

华北平原各站 1961～2014 年年均霜日日数 (日最低气温＜0℃的日数, 图 1-3A) 为 91d, 明显高于高温日数 (11d), 霜日日数在 1969 年最高 (118d), 在 2007 年最低 (69d); 从年代际变化来看, 1960s、1970s、1980s、1990s 和 2000～2014 年年均霜日日数分别为 101d、95d、94d、85d 和 81d, 呈逐渐下降趋势; 1961～2014 年华北平原霜日日数表现为稳健的下降趋势, 10 年滑动平均线性变化趋势为–0.49d/a[①]。1961～2014 年年均冷昼日数 (日最高气温＜10%分位值的日数, 图 1-3B) 为 36d, 其中在 1969 年最高 (61d), 在 2007 年最低 (14d); 从年代际变化来看, 1960s、1970s、1980s、1990s 和 2000～2014 年年均冷昼日数分别为 39d、39d、38d、28d 和 33d, 呈波动下降趋势, 在 2000 年以后有所上升; 冷昼日数的年际变化呈下降趋势, 但下降速率弱于霜日日数, 10 年滑动平均线性趋势为–0.20d/a。1961～2014 年年均冷夜日数 (日最低气温＜10%分位值的日数, 图 1-3C) 为 36d, 日数最高和最低年份同样分别为 1969 年 (67d) 和 2007 年 (13d); 1960s、1970s、1980s、1990s 和 2000～2014 年年均冷夜日数分别为 49d、41d、38d、26d 和 27d; 从 10 年滑动平均的线性趋势来看, 冷

---

① 本书中部分数据在正文与图表之间存在微小差异, 如正文中的–0.49 与图中的–0.4888。这是由数据修约 (四舍五入) 规则造成的, 特此说明, 全书类似情况均遵循此原则

夜日数下降速率（–0.51d/a）均高于霜日日数和冷昼日数，在 2000 年以后也呈现出波动上升的态势。

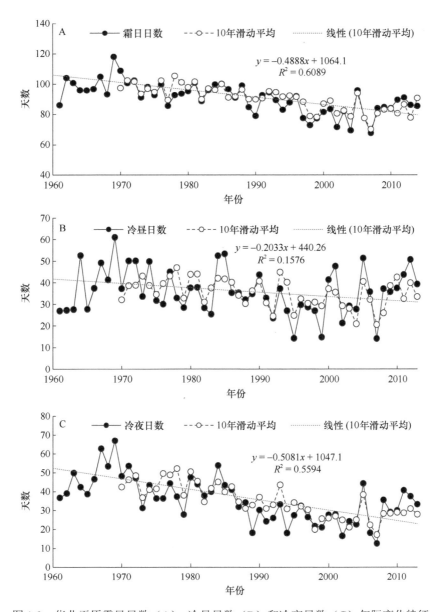

图 1-3　华北平原霜日日数（A）、冷昼日数（B）和冷夜日数（C）年际变化特征

从空间分布来看，华北平原霜日日数具有明显的空间分布特征，表现为北高

南低的特征，河南省中南部、安徽省北部和江苏省北部霜日日数在 80d 以下，河南省北部、河北省南部以及山东省西南部在 80~100d，山东省北部、河北省中北部以及京津地区在 100d 以上。华北平原冷昼日数大部分地区在 36~37d，零散分布着 35~36d 的冷昼区域。同样，华北平原大部分地区冷夜日数在 36~37d，在河南省东部、江苏省东北部，以及河北省和山东省少部分地区存在 35~36d 的冷夜日数。

四、干热风

根据中国气象局小麦干热风灾害等级标准（邬定荣等，2012），以最高温度≥30℃、14:00 相对湿度≤30%以及 14:00 2m 高度风速≥3m/s 为指标判定干热风发生日数，见图 1-4。由图可知，华北平原干热风日数呈波动下降的趋势（−0.01d/a）；干热风日数在 1960s、1970s、1980s、1990s 和 2000~2014 年分别为 0.9d、0.4d、0.3d、0.1d 以及 0.4d；年均干热风日数最多发生在 1962 年（2.6d），而在 1984 年、1985 年以及 1992 年干热风日数均为 0d。

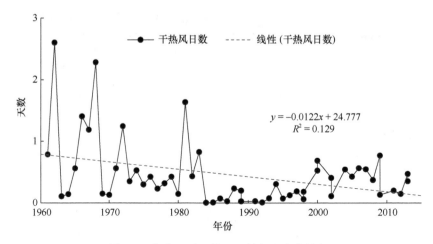

图 1-4　华北平原干热风日数年际变化特征

根据干热风发生日数的年际变化特征，分为 1961~1980 年和 1981~2014 年两个时段分析干热风的空间变化特征。1961~1980 年干热风高发地区为山东省西北部以及河北省中南部，干热风年均发生日数为 1d 以上，而在河南省南部、江苏省北部、安徽省北部以及京津唐地区，干热风年均日数在 0.5d 以下。在 1981~2014 年，大部分地区干热风日数都在 0.5d 以下，仅河北省中北部干热风日数在 0.5~1.0d。

第四节　华北气候变化和气候灾害变化

通过历史时段观测资料明确了华北平原的气候变化规律，并对影响该区域农业生产的未来主要气候灾害进行了分析。

一、气候变化趋势

从气候变化趋势来看，1961～2020 年华北平原年均气温呈增加的趋势，且绝大部分站点能够达到显著性水平（$P<0.05$），81.5%的站点增温速率在 0.01℃/a 以上。华北平原年均太阳辐射量在 5281～5803MJ/m^2，整体上呈东北—西南逐渐减少的空间分布特征，研究时段内太阳辐射量普遍呈下降趋势，变化速率在–22～–3MJ/(m^2·a)，绝大部分站点的变化趋势达到显著性水平（$P<0.05$）。华北平原降水量空间差异较大，区域间降水量差异最高可达 127.1%，呈现出北少南多的空间分布特征，且降水量的年际变化特征并不明显。华北平原年均潜在蒸散量在 968～1150mm，表现为较为显著的下降趋势，年际趋势变化范围在–3.8～1.0mm/a。

二、气候灾害变化

从主要气候灾害来看，华北平原干旱频率最高的年代是 1960s，21 世纪以后干旱频率下降明显。根据气候预估，2010～2040 年华北平原干旱次数、持续性和强度皆弱于 1981～2010 年时段，但在中期（2040～2070 年）和远期（2070～2099 年）将明显高于历史水平，并且干旱风险不断增强。华北平原高温日数、暖昼日数和暖夜日数的年际变化趋势并不显著，均表现为在 1961～1990 年呈波动下降而在 1991 年以后呈波动上升的趋势。但华北平原霜日数、冷昼日数和冷夜日数表现为稳健的下降趋势，三者年际变化速率分别为–0.49d/a、–0.20d/a 和–0.51d/a。华北平原干热风日数呈波动下降的趋势，1960s、1970s、1980s、1990s 和 2000 年以后分别为 0.9d、0.4d、0.3d、0.1d 以及 0.4d。

参 考 文 献

柏会子, 肖登攀, 刘剑锋, 等. 2018. 1965-2014 年华北地区极端气候事件与农业气象灾害时空格局研究. 地理与地理信息科学, 34(5): 99-105.

迟竹萍. 2009. 近 45 年山东夏季降水时空分布及变化趋势分析. 高原气象, 28(1): 220-226.

霍治国, 李世奎, 杨柏. 1993. 中国亚热带山地逆温资源评价. 自然资源学报, (3): 238-246.

李翔翔, 居辉, 刘勤, 等. 2017. 基于 SPEI-PM 指数的黄淮海平原干旱特征分析. 生态学报, 37(6): 2054-2066.

梁缘毅, 吕爱锋. 2019. 中国水资源安全风险评价. 资源科学, 41(4): 775-789.

刘巽浩. 2002. 农作制与中国农作制区划. 中国农业资源与区划, (5): 14-18.

梅旭荣, 康绍忠, 于强, 等. 2013. 协同提升华北平原作物生产力与农田水分利用效率途径. 中国农业科学, 46(6): 1149-1157.

潘根兴, 高民, 胡国华, 等. 2011. 气候变化对中国农业生产的影响. 农业环境科学学报, 30(9): 1698-1706.

荣艳淑, 段丽瑶, 徐明. 2008. 1997-2002 年华北持续性干旱气候诊断分析. 干旱区研究, (6): 842-850.

邬定荣, 刘建栋, 刘玲, 等. 2012. 近 50 年华北平原干热风时空分布特征. 自然灾害学报, 21(5): 167-172.

徐建文, 居辉, 刘勤, 等. 2014. 华北地区干旱变化特征及其对气候变化的响应. 生态学报, 34(2): 460-470.

徐建文, 居辉, 梅旭荣, 等. 2015. 近 30 年华北平原干旱对冬小麦产量的潜在影响模拟. 农业工程学报, 31(6): 150-158.

杨建莹, 刘勤, 严昌荣, 等. 2011. 近 48a 华北区太阳辐射量时空格局的变化特征. 生态学报, 31(10): 2748-2756.

杨建莹, 梅旭荣, 严昌荣, 等. 2010. 华北地区气候资源的空间分布特征. 中国农业气象, 31(S1): 1-5.

周广胜. 2015. 气候变化对中国农业生产影响研究展望. 气象与环境科学, 38(1): 80-94.

Ju H, Lin E, Wheeler T, et al. 2013. Climate change modelling and its roles to Chinese crops yield. Journal of Integrative Agriculture, 12(5): 892-902.

Li Y, Huang H, Ju H, et al. 2015. Assessing vulnerability and adaptive capacity to potential drought for winter-wheat under the RCP 8.5 scenario in the Huang-Huai-Hai Plain. Agriculture, Ecosystems & Environment, 209: 125-131.

Li Y, Hou R, Tao F. 2020. Interactive effects of different warming levels and tillage managements on winter wheat growth, physiological processes, grain yield and quality in the North China Plain. Agriculture, Ecosystems & Environment, 295: 106923.

Masson-Delmotte V, Zhai P, Pirani A, et al. 2021. Climate change 2021: the physical science basis. Contribution of Working Group I to the Sixth Assessment Report of the Intergovernmental Panel on Climate Change, 2(1): 2391.

Vicente-Serrano S M, Beguería S, López-Moreno J I. 2009. A multiscalar drought index sensitive to global warming: the standardized precipitation evapotranspiration index. Journal of Climate, 23(7): 1696-1718.

Yan Z, Du T. 2023. Effects of climate factors on wheat and maize under different crop rotations and irrigation strategies in the North China Plain. Environmental Research Letters, 18(12): 124015.

第二章　华北极端气候指数时空变化特征

第一节　极端气候指数及其研究方法

一、极端气候指数

气候变化致使农业气象灾害的频率更高，且强度显著增加，从而影响我国粮食安全（Chen et al.，2023）。据估算，我国平均每年由气象灾害造成的经济损失占全部自然灾害损失的70%以上，其中旱灾是我国当前最主要的农业气象灾害，平均每年旱灾的受灾面积高达2200万hm^2，占各种灾害受灾面积的40%以上，粮食损失约120亿kg（Huang et al.，2024；王春乙等，2007）。

华北平原是中国粮食主产区，受气候变化影响，区域极端气候事件成为限制农业发展的主要因子之一（Bai et al.，2021）。华北每年受旱面积基本维持在530万hm^{2}左右，近几年还有增加的趋势（高文华等，2017）；同时灌溉水资源不足是华北地区农业生产的关键性限制因子，而气候变化恰好在很大程度上影响和加剧了该地区水资源的紧张态势（Xiao et al.，2020）。极端天气成为气候变化最突出的表象之一（雅茹等，2020）。通常的极端天气气候事件是指天气或气候变量值高于（或低于）该变量观测值区间的上限（或下限）端附近的某一阈值的小概率事件，其发生概率一般<10%（秦大河和Stocker，2014）。因为一些地域和相关研究的需求而定义了不同的指标来判定极端天气特征（刘玄等，2022；李胜利等，2016；曹祥会等，2015；任国玉等，2010）。由于受到各地气象资料有效获取和时效长度局限，21世纪初世界气象组织（WMO）和世界气候研究计划（WCRP）等联合成立了气候变化监测和指数专家组（ETCCDI），定义了27个具有代表性的极端气候指数，用于全球及区域气候变化研究参考（Hong and Ying，2018）。ETCCDI推广的极端气候指数，推动了全球极端气候变化的观测研究，加快了极端气候变化模拟与归因步伐，已在我国甚至全球被广泛认可与应用（尹红和孙颖，2019）。

二、基础资料来源

资料来源于中国气象局国家气象中心1960～2020年华北平原气象站的逐日观测气象数据，包括逐日降水量（mm）、最低气温（℃）、最高气温（℃）、太阳辐射［MJ/(m²·d)］、风速（m/s）和平均相对湿度（%）等，消除数据记录缺失的影响，最后选取具有区位代表性且资料完整的 54 个站点数据。对数据进行质量控制处理，首先通过相邻站点间的数据记录进行对比分析，剔除明显错误数据（如降水为负值）。随后，对各站点的数据进行核对，检查跳跃数值的离散度，并剔除明显偏离本地区实际情况的数据（即超出 3 倍标准差的值），以确保数据的准确性。最终，选取 54 个站点的数据进行区域极端气候指数变化分析应用。

三、研究方法

依据 ETCCDI 提供的极端降水和气温事件的相关指标定义，采用 ClimDex 软件计算分析了华北地区 27 个极端气候指数（http://etccdi.pacificclimate.org/list_27_indices.shtml）变化，从中选取和农业相关的高温、低温、暴雨、干旱等极端气候指数进行了时空变化分析（表 2-1）。采用 ArcGIS 技术［克里金插值法（Kriging 插值法）］对极端气候指数空间特征予以呈现，运用 SPSS 进行相关性比较，以明确华北极端气候指数年代际变化，并展示极端气候指数的空间特征。

表 2-1 极端气候指数名称及其定义（ETCCDI 提供）

	符号	气候指标	定义
	FD/d	霜冻日数	每年日最低气温<0℃的天数
	SU/d	夏季日数	每年日最高气温>25℃的天数
	ID/d	冰冻日数	年内日最高气温<0℃的日数
	TR/d	热夜日数	年内日最低气温>20℃的日数
	TXx/℃	日最高气温最大值	年内日最高气温的最大值
	TNx/℃	日最低气温最大值	年内日最低气温的最大值
	TXn/℃	日最高气温最小值	年内日最高气温的最小值
与气温相关的极端气候指数	TNn/℃	日最低气温最小值	年内日最低气温的最小值
	TN$_{10p}$/%	冷夜占比	最低气温<10%分位值的天数百分比
	TX$_{10p}$/%	冷昼占比	最高气温<10%分位值的天数百分比
	TN$_{90p}$/%	暖夜占比	最低气温>90%分位值的天数百分比
	TX$_{90p}$/%	暖昼占比	最高气温>90%分位值的天数百分比
	WSDI/d	持续暖日数	连续最高气温>90%分位值日数
	CSDI/d	持续冷日数	连续最低气温<10%分位值日数
	DTR/℃	气温日较差	年平均日最高气温和最低气温之差
	GSL/d	生长季长度	每年前半年日平均气温至少连续 6 天稳定>5℃的第一天开始到后半年日平均气温至少连续 6 天稳定<5℃的第一天之间的日数

符号	气候指标	定义
RX$_{1day}$	最大单日降水量	年最大日降水量
RX$_{5day}$	最大 5 日降水量	年最大连续 5 日的降水量
SDII	降水强度	日降水量≥1mm 的总降水量与降水日数的比例
R_{10mm}	大雨日数	年日降水量≥10mm 的总日数
R_{20mm}	极端大雨日数	年日降水量≥20mm 的总日数
R_{25mm}	极端暴雨日数	年日降水量≥25mm 的总日数
R_{95p}TOT/mm	强降水总量	日降水量＞95%分位值的年累积降水量
R_{99p}TOT/mm	极端强降水总量	日降水量＞99%分位值的年累积降水量
PRCPTOT	年降水总量	日降水量＞1mm 的年累积降水量
CDD/d	持续干旱日数	日降水量＜1mm 的最长连续日数
CWD/d	持续湿润日数	日降水量≥1mm 的最长连续日数

与降水强度相关的气候指数

第二节　极端气温指数时空分布

一、极端气温指数时序变化

华北区域极端气温指数在 1960～2017 年普遍具有明显的年际趋势和较明显的变化幅度（图 2-1）。从极端气温指数结果来看，在全球变暖的大背景环境下，霜冻日数（FD）呈下降的趋势，年际变化速率为–4.70d/10a；夏季日数（SU）呈上升的趋势，年际变化速率为 1.70d/10a；冰冻日数（ID）呈下降的趋势，年际变化速率为–1.09d/10a；热夜日数（TR）呈上升的趋势，年际变化速率为 3.22d/10a；年日最高气温最大值（TXx）呈上升的趋势，年际变化速率为 0.05℃/10a；年日最高气温最小值（TXn）呈上升的趋势，年际变化速率为 0.16℃/10a；日最低气温最大值（TNx）呈上升的趋势，年际变化速率为 0.34℃/10a；年日最低气温最小值（TNn）呈上升的趋势，年际变化速率为 0.46℃/10a；冷昼占比（TX$_{10p}$）呈下降的趋势，年际变化速率为–0.53d/10a；暖昼占比（TX$_{90p}$）变化趋势不明显，年际变化速率为$-2.44×10^{-3}$d/10a；冷夜占比（TN$_{10p}$）呈下降的趋势，年际变化速率为–1.31d/10a；暖夜占比（TN$_{90p}$）呈上升的趋势，年际变化速率为 0.76d/10a；持续暖日数（WSDI）呈微弱上升趋势，年际变化速率为$1.49×10^{-3}$d/10a；持续冷日数（CSDI）呈下降的趋势，年际变化速率为–1.70d/10a；温度日较差（DTR）呈下降的趋势，年际变化速率为–0.25℃/10a。除生长季长度、日最高气温的月最大值、暖昼占比外，其他气温指数均通过了 0.05 的置信区间，上升或下降的趋势显著。

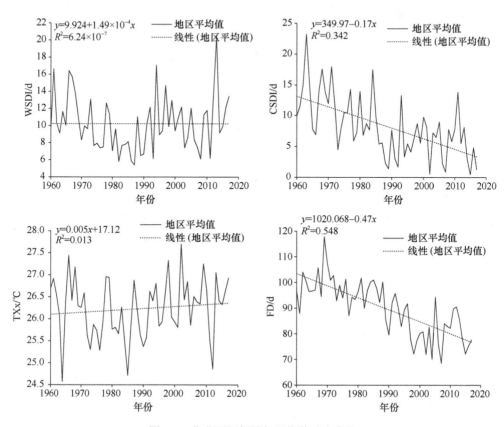

图 2-1　华北不同极端气温指数时序变化

综合各指数趋势而言，冷寒相关指数降低，暖热气候指数升高，整体上，高温和热夜的日数明显增加，反映出华北区域气温升高、气候变暖的年代际趋势，如年日最高气温最小值、年日最低气温最大值、冷昼占比、冷夜占比、暖夜占比、持续暖日数、持续冷日数、气温日较差均通过了 0.05 显著性检验。

二、极端气温指数空间分布

华北平原极端气候指数呈现区域差异特征。FD 从南到北逐渐增加，最低值在最南部的信阳、六安、合肥，最高值在最北部的衡水、沧州、廊坊、北京、唐山、秦皇岛，范围分别为 39.00～57.74d 和 111.91～129.97d。SU 越靠近海岸地区越低，内部地区差异小，最低值在秦皇岛和日照，范围为 95.19～105.94d，内部地区的指数范围为 138.20～148.95d。ID 由北至南递减，递减地理幅度减小，最高值在秦皇岛和唐山的东部，最低值在平原的南部地区，范围分别为 26.07～31.89d、2.79～8.61d。TR 由南至北递减，最高值主要在最南部信阳、六安、合肥、蚌埠、滁州，最低值在北部秦皇岛和唐山东北部，范围分别为 89.01～99.26d、48.00～58.26d。

TXx 由西南至东北方向递减，最高值在平原西南部，最低值在唐山、秦皇岛东部和日照东部，范围分别为 27.31～28.41℃、22.95～24.05℃。TXn 自平原中部向东北逐渐降低，最高值在平原南部，最低值在秦皇岛和唐山东部，范围分别为 12.08～12.91℃、8.76～9.59℃。TNx 也由南至北递减，另外，济南、泰安的 TNx 较平原的周围地区更高。最高值为最南部的信阳、六安、阜阳、济南、合肥、蚌埠、滁州，最低值在最北部的秦皇岛和唐山、天津、廊坊、北京北部，范围分别为 16.80～17.94℃、12.22～13.37℃。

TNn 的分布规律也是由南至北递减，最高值在最南部的信阳、六安、合肥、滁州，最低值在最北部的秦皇岛和唐山、天津、廊坊北部，范围分别为 5.02～6.39℃、0.45～0.92℃。TX_{10p} 呈现由西向东递减的规律，最高值在平原西部，最低值主要在海岸边缘地区的秦皇岛、唐山和天津的东部，以及日照、连云港、盐城、临沂，范围分别为 10.42%～10.60%、9.70%～9.88%。TX_{90p} 指数北部较高，最高值主要在北京、天津、唐山和东营，最低值主要在平原中部的聊城、濮阳、开封，范围分别为 12.99%～13.36%、11.53%～11.90%。

TN_{10p} 的分布大致也是由南至北递减的规律，但菏泽、济宁、许昌的 TN_{10p} 指数要高于南部其他地区，是整个平原的最高值，最低值主要在平原西北角的北京、保定、廊坊、石家庄、沧州的西部和衡水的北部，范围分别为 9.73%～10.27%、7.58%～8.13%。

TN_{90p} 的分布北部高于南部，最高值主要在北京、保定、石家庄、唐山和东营的部分区域，最低值主要在菏泽、济宁以及东南部几个地区（包括日照、盐城、淮安、滁州、合肥），范围分别为 12.86%～13.39%、10.78%～11.30%。

WSDI 北部低于南部，南部则从中间水平线往南递减，最高值在六安、合肥、滁州、盐城的东南部，以及日照的东部一小块地区，最低值主要在海岸边缘地区的秦皇岛、唐山、天津、廊坊、沧州、德州、聊城、濮阳，以及郑州、许昌等地区，范围分别为 13.77～15.24d、7.92～9.38d。CSDI 分布的最高值主要在聊城、濮阳、安阳、亳州、淮南、合肥、六安等地区，向外递减，往东递减的幅度更大，最低值即在北京、保定、天津、廊坊等地，范围分别为 8.47～8.72d、7.48～7.73d。DTR 的分布大致呈现为由东南向西北递增，最高值在平原的西北部，最低值在六安、信阳、盐城、日照，范围分别为 10.71～11.32℃、8.27～8.88℃。

第三节 极端降水指数时空变化

一、极端降水指数时间变化特征

华北地区过去 60 年降水整体呈略微下降趋势，但强降水事件趋强，无效降水过程增多，整体为降水跳跃变率增大，降水总量年际呈略降趋势（图 2-2）。最大单日降水量（RX_{1day}）呈上升的趋势，年际变化速率为 0.07mm/10a；最大 5 日降水量（RX_{5day}）也呈上升的趋势，年际变化速率为 0.31mm/10a；降水强度（SDII）呈上升的趋势，年际变化速率为 0.07mm/10a；年日降水量≥10mm 总日数（R_{10mm}）呈上升的趋势，年际变化速率为（$1.11×10^{-3}$）d/10a；年日降水量≥20mm 总日数（R_{20mm}）呈下降的趋势，年际变化速率为–0.03d/10a；持续干旱日数（CDD）呈上升的趋势，年际变化速率为 0.10d/10a；持续湿润日数（CWD）呈下降的趋势，年际变化速率为–0.06d/10a；强降水总量（$R_{95p}TOT$）呈下降的趋势，年际变化速率

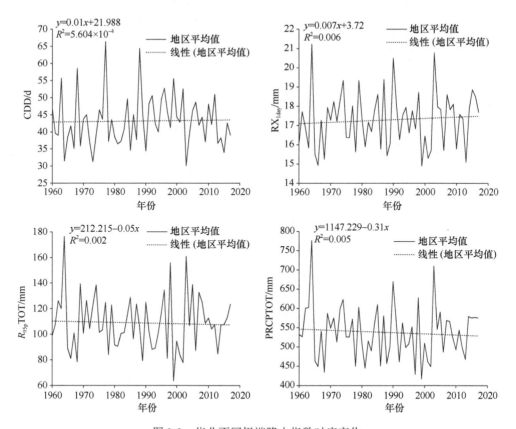

图 2-2 华北不同极端降水指数时序变化

为–0.50mm/10a；极端强降水总量（R_{99p}TOT）呈上升的趋势，年际变化速率为0.05mm/10a；年降水总量（PRCPTOT）呈下降的趋势，年际变化速率为–3.10mm/10a。

二、极端降水指数空间变化特征

RX_{1day} 由南至北递减，降幅渐小，西侧比东侧降幅小。平原最南部的六安、信阳和滁州的南部等地区 RX_{1day} 指数值最高，最低值在新乡北部、安阳、濮阳、聊城、德州、滨州北部、东营北部等地区及以北地区，范围分别为 22.00～24.22mm、13.16～15.37mm。

RX_{5day} 的分布和 RX_{1day} 接近，最高值在六安和信阳两市的南部，最低值在新乡北部、安阳、濮阳、聊城、德州、滨州北部、东营北部等地区及以北地区，范围分别为 90.20～99.62mm、52.53～61.95mm。

降水强度（SDII）分布规律性不明显，但从整体上看东部较西部高，大致呈由西向东逐渐升高的规律，最高值主要在枣庄、徐州、临沂南部、宿迁东部、淮安、滁州东部，最低值主要在石家庄、衡水西部、邢台、邯郸、安阳、鹤壁、新乡，范围分别为 9.97～10.25mm/d、8.87～9.15mm/d。

R_{10mm} 的分布和 RX_{5day} 的分布大致相同。由南向北递减，最高值在六安和信阳的南部，以焦作、郑州、开封、菏泽四市的北部，济宁、泰安的西部，济南、淄博的北部和东营为分界线，以北地区即为最低值，范围分别为 27.19～31.00d、12.00～15.80d。R_{20mm} 的分布与其他降水指数相近，呈由南向北递减的规律，但平原东北角的秦皇岛、唐山和天津北部指数高于平原西北侧地区。最高值在信阳、六安的南部，最低值在西北的新乡、濮阳、聊城、滨州、沧州、天津以北的地区以及东营，范围分别为 11.42～13.03d、5.01～6.61d。

持续干旱日数（CDD）的分布由南至北逐渐升高且升幅均匀，最高值主要在北部的石家庄、衡水、沧州、天津、廊坊、保定、北京，以及秦皇岛的东部，最低值则分布在南部的驻马店、阜阳、信阳、六安、淮南、蚌埠、合肥、滁州、淮安、盐城，范围分别为 53.48～59.94d、27.66～34.12d。

持续湿润日数（CWD）由西南向东北方向递减，最高值主要在西南部的驻马店、阜阳、信阳及六安，最低值则主要在沧州、东营、天津、秦皇岛和滨州东北部，范围分别为 5.50～6.14d、2.95～3.58d。

强降水总量（R_{95p}TOT）由南至北递减，最高值主要在六安和信阳的南部，最低值在北部地区，范围分别为 156.13～177.53mm、70.55～91.95mm。极端强降水量指数（R_{99p}TOT）由南至北递减，最高值在信阳和六安南部，最低值主要在新乡、济宁和北部的邢台、衡水、滨州、沧州、保定、廊坊、天津、北京以及唐山的东南部等地区，范围分别为 38.28～44.92mm、11.71～18.35mm。

PRCPTOT 的分布和 R_{10mm} 指数很接近，由南向北递减，最高值主要在六安南部，以焦作、开封、菏泽三市的北部，济宁、泰安的西部一小部分区域，济南、淄博的北部和东营为分界线，以北地区即为最低值，范围分别为 797.29～903.64mm、371.92～478.27mm。

第四节　极端气候指数变化与区域发展

一、极端气温指数的区域特征

从极端气温的空间分布来看：TXx、TXn 呈现由西南至东北方向递减的规律，最高值分别在平原的西南部、南部，范围分别为 27.31～28.41℃、16.79～17.94℃，最低值均在唐山和秦皇岛，范围分别为 22.95～24.05℃、12.22～13.37℃。TNx、TNn 也由南至北递减，最高值主要在平原最南部的信阳、六安、合肥、滁州，范围分别为 16.80～17.94℃、5.02～6.39℃；最低值在最北部的秦皇岛和唐山、天津、廊坊的北部，范围分别为 12.22～13.37℃、0.45～0.92℃。TX$_{10p}$ 和 TX$_{90p}$ 的空间分布没有很明显的规律相似性，TX$_{10p}$ 由西向东递减，最高值在平原西部地区，最低值在海岸边缘地区的秦皇岛、唐山、天津，以及日照、连云港、盐城、临沂，而TX$_{90p}$ 北部较高，最高值主要分布于北京、天津、唐山和东营，最低值主要分布于平原中部的聊城、濮阳、开封，两个指数的最高值和最低值的范围分别为 10.42%～10.60%、12.99%～13.36%和 9.70%～9.88%、11.53%～11.90%。TN$_{10p}$ 和 TN$_{90p}$ 的分布呈现出比较明显的对应性，TN$_{10p}$ 的最高值主要在菏泽、济宁和许昌，最低值在北京、保定、石家庄和衡水、廊坊、沧州，TN$_{90p}$ 的最高值在北京、保定、石家庄和唐山、东营，最低值在菏泽、济宁和日照、盐城、淮安、滁州、合肥，TN$_{10p}$和 TN$_{90p}$ 的高、低值区呈现出相反的特点。其高值和低值范围分别为 9.73%～10.27%、12.86%～13.39%和 7.58%～8.13%、10.78%～11.30%。SU 靠近海岸的地区呈由内到外逐渐降低的规律，而内部地区差异小，最低值在秦皇岛和日照，范围为 95.19～105.94d，内部地区指数均在 138.20～148.95d 范围内。TR 由南至北递减，最高值主要在平原的最南部信阳、六安、合肥、蚌埠、滁州，最低值在北部秦皇岛和唐山东北部，范围分别为 89.01～99.26d、48.00～58.26d。FD 和 ID 的高低值分布相反，FD 从南到北逐渐增加，最低值在最南部的信阳、六安、合肥，最高值在最北部的衡水、沧州、廊坊、北京、唐山、秦皇岛，范围分别为 39.00～57.74d 和 111.91～129.97d；而 ID 由南至北递增，最高值在秦皇岛和唐山的东部，最低值在平原的南部地区，范围分别为 26.07～31.89d、2.79～8.61d。DTR 由东南向西北递增，最高值在平原的西北部，最低值在六安、信阳、盐城、日照，范围分别为 10.71～11.32℃、8.27～8.88℃。WSDI 北部低南部高，南部则从中间水平线往南递减，最高值即在六安、合肥、滁州、盐城的东南部，以及日照的东部一小块地区，最低值主要在海岸边缘地区的秦皇岛、唐山、天津、廊坊、沧州、德州、聊城、濮阳，以及郑州、许昌等地区，高低值范围分别为13.77~15.24d、7.92~9.38d。CSDI指数分布的最高值主要在平原中南部的聊城、濮阳、安阳、亳州、淮南、合肥、六安等地区，向外递减，最低值即在北京、保定、天津、廊坊等地，范围分别为8.47~8.72d、7.48~7.73d。

二、极端降水指数的区域特征

从极端降水的空间分布来看：在降水量方面，RX_{1day}、RX_{5day}、R_{10mm}、R_{20mm}、$R_{95p}TOT$、$R_{99p}TOT$、PRCPTOT 7个指数均呈现由南至北逐渐降低的规律，且高值中心均主要在平原最南部的六安和信阳，范围分别为22.00~24.22mm、90.20~99.62mm、27.19~31.00mm、11.42~13.03mm、156.13~177.53mm、38.28~44.92mm、797.29~903.64mm；低值则分布在平原北部，范围分别为13.16~15.37mm、52.53~61.95mm、12.00~15.80mm、5.01~6.61mm、70.55~91.95mm、11.71~18.35mm、371.92~478.27mm。在降水强度方面，SDII指数的分布从整体上看东部较西部高，大致是由西向东逐渐升高的规律，最高值主要在平原东南部的枣庄、徐州、临沂南部、宿迁东部、淮安、滁州东部，最低值主要在平原中西部的石家庄、衡水西部、邢台、邯郸、安阳、鹤壁、新乡，范围分别为9.97~10.25mm/d、8.87~9.15mm/d。在干湿程度方面，CDD指数的分布由南至北逐渐升高且升幅均匀，最高值主要在北部的石家庄、衡水、沧州、天津、廊坊、保定、北京，以及秦皇岛的东部，最低值则分布在南部的驻马店、阜阳、信阳、六安、淮南、蚌埠、合肥、滁州、淮安、盐城，范围分别为53.48~59.94d、27.66~34.12d。CWD指数由西南向东北方向递减，最高值主要在西南部的驻马店、阜阳、信阳及六安，最低值则主要在沧州、东营、天津、秦皇岛和滨州东北部，范围分别为5.50~6.14d、2.95~3.58d。

三、极端气候与区域持续发展

从极端气温时间上的变化来看：夏季日数、热夜数、日最高气温的月最大值、日最高气温的月最小值、暖夜数、持续暖日数这6个表征高温的指数均呈上升的趋势，上升率分别为1.70d/10a、3.22d/10a、0.05℃/10a、0.16℃/10a、0.76d/10a、$1.49×10^{-3}$d/10a。日最低气温的月最大值、日最低气温的月最小值这两个表征低温的指数也呈上升的趋势，上升趋势分别为0.34℃/10a、0.46℃/10a。霜日数、冰日数、冷昼数、冷夜数、持续冷日指数这5个表征低温的指数均呈下降的趋势，下降率分别为-4.70d/10a、-1.09d/10a、-0.53d/10a、-1.31d/10a、-1.70d/10a。此外，气温日较差呈下降的趋势，下降率为-0.25℃/10a。

从极端降水的变化趋势来看：RX_{1day}、RX_{5day}、SDII、CDD、$R_{99p}TOT$、R_{10mm}呈现出上升的变化趋势，上升率分别为0.07mm/10a、0.31mm/10a、0.07mm/10a、0.11d/10a、0.05mm/10a、1.11×10^{-3}d/10a。R_{20mm}、CWD、$R_{95p}TOT$、PRCPTOT呈下降的趋势，下降率分别为-0.03d/10a、-0.06d/10a、-0.52mm/10a、-0.34mm/10a，表明极端降水事件呈减少的趋势。从华北平原1961~2020年27个极端气候指数的时空变化特征可以看出近60年华北平原有着明显的变暖和变干的趋势。

在极端气温方面，周雅清和任国玉（2010）在1956~2008年中国大陆极端气温事件的研究中发现，从20世纪80年代中期开始，全国冷事件呈减少的趋势，暖事件呈增多的趋势，20世纪90年代中期开始趋势变得显著。华北和东北北部冷昼日数明显减少，西南西部和华南沿海暖昼日数显著增加，北方暖夜和冷夜日数的变化极其显著。王冀等（2012）在对1961~2008年华北地区极端气候事件的时空变化规律分析中指出，极端冷事件（年最低气温、冷夜指数）在京、津、冀及山西东北部的上升趋势最显著（$P<0.05$）。在极端降水方面，翟盘茂和潘晓华（2003）在对过去近50年中国各地极端气候的研究中得出不一样的结论，一种是华北地区极端降水事件数量及强度均下降，而另一种是华北中部和河北极端降水正在增强。房俊晗等（2018）在对1960~2013年华北平原极端降水时空变化特征的研究中发现，过去54年华北平原极端降水呈波动降低趋势，河北省和山东省西北部地区是华北平原极端降水呈明显降低趋势的主要地区，而安徽省、河南省和江苏省北部地区有上升的趋势。

参 考 文 献

曹祥会, 龙怀玉, 张继宗, 等. 2015. 河北省主要极端气候指数的时空变化特征. 中国农业气象, 36(3): 245-253.

房俊晗, 郭斌, 张振克, 等. 2018. 1960-2013年黄淮海平原极端降水时空变化特征. 河南大学学报(自然科学版), 48(2): 160-171.

高文华, 李开封, 崔豫. 2017. 1960~2014年河南极端气温事件时空演变分析. 地理科学, 37(8): 1259-1269.

李胜利, 巩在武, 石振彬. 2016. 近50年来山东省极端降水指数变化特征分析. 水土保持研究, 23(4): 120-127.

刘玄, 唐培军, 吴同帅, 等. 2022. 山东省极端气候指数变化特征研究. 水利水运工程学报, (2): 40-50.

秦大河, Stocker T. 2014. IPCC第五次评估报告第一工作组报告的亮点结论. 气候变化研究进展, 10(1): 1-6.

任国玉, 陈峪, 王小玲, 等. 2010. 综合极端气候指数的定义和趋势分析. 气候与环境研究, 15(4):

354-364.

王春乙, 娄秀荣, 王建林. 2007. 中国农业气象灾害对作物产量的影响. 自然灾害学报, (5): 37-43.

王冀, 蒋大凯, 张英娟. 2012. 华北地区极端气候事件的时空变化规律分析. 中国农业气象, 33(2): 166-173.

雅茹, 丽娜, 银山, 等. 2020. 1960-2015 年内蒙古极端气候事件的时空变化特征. 水土保持研究, 27(3): 106-112.

尹红, 孙颖. 2019. 基于 ETCCDI 指数 2017 年中国极端温度和降水特征分析. 气候变化研究进展, 15(4): 363-373.

翟盘茂, 潘晓华. 2003. 中国北方近 50 年温度和降水极端事件变化. 地理学报, (S1): 1-10.

周雅清, 任国玉. 2010. 中国大陆 1956~2008 年极端气温事件变化特征分析. 气候与环境研究, 15(4): 405-417.

Bai H, Xiao D, Wang B, et al. 2021. Multi-model ensemble of CMIP6 projections for future extreme climate stress on wheat in the North China Plain. International Journal of Climatology, 41: E171-E186.

Chen W, Liu S, Zhao S, et al. 2023. Temporal dynamics of ecosystem, inherent, and underlying water use efficiencies of forests, grasslands, and croplands and their responses to climate change. Carbon Balance and Management, 18(1): 13.

Hong Y, Ying S. 2018. Characteristics of extreme temperature and precipitation in China in 2017 based on ETCCDI indices. Advances in Climate Change Research, 9(4): 218-226.

Huang C, Li N, Zhang Z, et al. 2024. Examining the relationship between meteorological disaster economic impact and regional economic development in China. International Journal of Disaster Risk Reduction, 100: 104133.

Xiao D, Li Liu D, Wang B, et al. 2020. Climate change impact on yields and water use of wheat and maize in the North China Plain under future climate change scenarios. Agricultural Water Management, 238: 106238.

第三章 华北作物生长季气候变化

针对未来气候变化和华北主要气象灾害，本章以华北黑龙港地区为代表，系统分析了冬小麦—夏玉米生长季气候条件及主要气候风险变化特征，以明确华北实际生产中气候变化和主要气候灾害的发生规律。通过调整和优化适应技术，并加以集成和应用示范，挖掘华北小麦—玉米生产系统对未来气候变化和主要灾害的适应能力。研究选取的黑龙港流域包括衡水、邢台、邯郸、沧州4市的50县（市、区），面积3.4万 km²，人口1850万左右，分别占河北省的18.5%、26.4%。该地区地处暖温带，光、热资源丰富，是华北典型麦玉轮作种植区。由于地势低洼，泄水不畅，加之受季风气候和低洼冲积、海积平原地学条件的影响，历来是旱涝灾害最频繁的地区（李方红和燕良东，2015；关东明等，2012；赵广才等，2011）。

第一节 冬小麦生长季主要气象因子变化

一、气温变化

1961～2013年河北黑龙港地区冬小麦生长季的平均气温、平均最高温度和平均最低温度均呈显著增加的趋势，升幅分别为 0.34℃/10a[①]、0.28℃/10a 和 0.40℃/10a，平均最低温度的升幅比最高温度大，因而气温日较差有所降低，降幅为 0.11℃/10a（图3-1）。冬小麦播种—越冬、返青—拔节、拔节—开花和开花—成熟阶段的平均气温和最高温度均呈增加趋势，平均气温升幅分别为0.19℃/10a、0.64℃/10a、0.20℃/10a、0.21℃/10a，平均最高温度升幅分别为 0.19℃/10a、0.65℃/10a、0.12℃/10a、0.16℃/10a；除拔节—开花阶段外，各生育阶段的平均气温均显著上升，平均气温和平均最高温度均以返青—拔节升幅最大。

黑龙港地区冬小麦生长季气温的变化特征意味着，越冬前积温增加，增加了冬小麦旺长的风险；返青—拔节阶段温度升高亦不利于穗粒数的形成；开花—成熟阶段平均气温和平均最高温度升高，高温逼熟和干热风的威胁增加。整体而言，黑龙港地区冬小麦越冬期的气候条件并不十分严寒，但由于品种选用不当、种植管理不当等，有些年份也会出现严重冻害，为我国北方冬小麦的中等冻害区。

---

① 本文正文中部分数字为修约数字，图中相关数字为精确数字，此处修约数字是为了表述方便，修约规则是四舍五入到小数点后两位

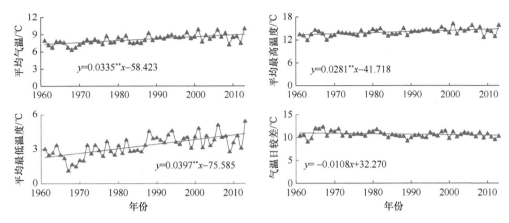

图 3-1 1961～2013 年黑龙港地区冬小麦生长季气温的变化特征

**表示有显著统计学差异（*P*＜0.01）（下同）

二、降水变化

1961～2013 年黑龙港地区冬小麦生长季的降水量虽有所下降，但变化不明显。播种—越冬、返青—拔节和开花—成熟阶段的降水量均呈现降低趋势，降幅分别为 1.36mm/10a、1.56mm/10a、2.05mm/10a；拔节—开花阶段的降水量则增加，增幅为 0.60mm/10a（图 3-2）。因此，冬小麦面临冬旱、春旱以及灌浆期干旱的威胁。

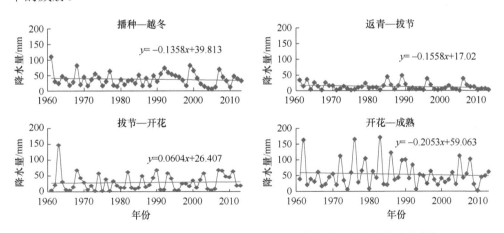

图 3-2 1961～2013 年黑龙港地区冬小麦不同生育阶段降水量的变化特征

三、日照时数

1961～2013 年黑龙港地区冬小麦生长季的日照时数显著降低，降幅为

0.23h/10a；播种—越冬、返青—拔节、拔节—开花和开花—成熟阶段的日照时数均降低，降幅分别为 0.20h/10a、0.12h/10a、0.19h/10a、0.42h/10a，以开花—成熟阶段降幅最大，达到显著水平，播种—越冬阶段亦达到显著水平（图 3-3）。说明冬小麦前期可能日照不足，不利于壮苗的形成和安全越冬；开花—成熟阶段日照不足则对光合生产、籽粒灌浆和产量造成不利的影响。

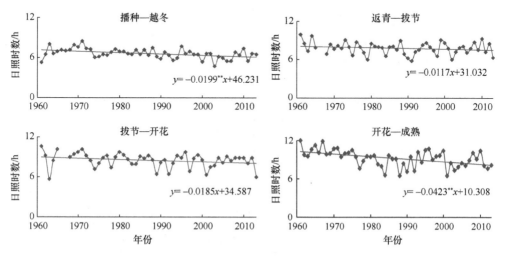

图 3-3　1961～2013 年黑龙港地区冬小麦不同生育阶段日照时数的变化特征

第二节　冬小麦生长季气象灾害

一、冬季冻害

以入冬前>0℃的日平均气温的累加值为冬前积温，以秋季最剧烈的一次降温过程的日平均气温的降幅为秋季降温幅度，以越冬期<0℃的日平均气温的累加值为年负积温，以 1 月最大的日最高气温为 1 月极端高温，以春季最剧烈的一次倒春寒前的最高气温与倒春寒后期最低气温的差值为春季降温幅度，比较了 1970～2009 年与冻害相关的各个温度指标，考察了各指标的最大值、最小值、变幅和变异率。结果表明：冬前积温、秋季降温幅度、年负积温、1 月极端高温和春季降温幅度等 5 个温度指标在年际差异很大（表 3-1，表 3-2），其中一个或几个指标在某些年份出现不利的极端值则可能引发小麦冻害；除年负积温与 1 月极端高温存在极显著的正相关关系之外，其他指标的相关性不显著；年负积温、秋季降温幅度和冬前积温等指标的变异系数较大，说明这三个指标与小麦冻害有更直接的关系（表 3-2，表 3-3）。

表 3-1 黑龙港地区 1970～2009 年小麦冻害相关温度指标的表现（单位：℃）

年份	冬前积温	秋季降温幅度	年负积温	1 月极端高温	春季降温幅度
1970	614.4	14.0	−312.9	11.1	26.3
1971	673.8	13.4	−345.3	8.2	19.2
1972	610.5	15.0	−183.1	6.7	21.5
1973	576.4	11.0	−233.4	11.6	26.8
1974	561.2	12.7	−172.1	10.3	21.7
1975	662.6	10.9	−214.4	10.7	15.1
1976	560.4	11.2	−349.1	2.5	28.2
1977	725.3	7.9	−177.3	10.0	31.9
1978	635.3	9.8	−220.8	13.8	23.3
1979	658.5	17.0	−232.9	7.3	18.5
1980	684.7	12.0	−283.1	8.1	30.2
1981	512.1	10.0	−207.7	8.9	17.7
1982	711.1	10.4	−177.9	12.5	24.7
1983	702.7	14.0	−271.6	11.8	16.4
1984	670.9	11.5	−305.3	8.5	24.7
1985	601	10.2	−277.4	10.7	21.9
1986	576.4	11.5	−223.3	10.4	25.9
1987	678.9	10.0	−212.2	7.4	17.4
1988	690.9	6.7	−98.1	7.9	17.2
1989	671.1	14.4	−214.7	7.5	11.8
1990	723.4	10.6	−127.5	9.9	21.1
1991	630.1	9.9	−152.5	10.8	17.3
1992	555.2	12.9	−138.7	13.2	26.7
1993	630.9	16.6	−122.4	8.1	19.9
1994	686.2	15.4	−84.2	12.9	19.2
1995	737.4	11.6	−174.7	9.5	33.5
1996	630.5	9.9	−166.1	10.5	20.4
1997	638.1	12.6	−164.2	8.8	19.4
1998	760.2	16.8	−110.5	11.9	21.4
1999	672.4	12.0	−265.4	5.3	19.0
2000	600.2	12.5	−217.1	6.0	20.7
2001	670	11.2	−88.3	16.4	16.3
2002	515.2	11.3	−237.6	9.8	19.1
2003	588.5	17.7	−125.7	9.9	24.2
2004	701.4	8.9	−284.7	6.7	23.8
2005	718.5	7.7	−209.3	7.5	22.0
2006	777.6	11.3	−136.4	8.7	19.5
2007	608.9	7.8	−184.9	8.7	23.4
2008	711.4	9.8	−161.2	15.2	24.7
2009	604.6	16.9	−274.5	8.7	22.0

表 3-2 黑龙港地区 1970～2009 年小麦冻害相关温度指标的变化特点

	平均气温/℃	最高值		最低值		气温变幅/℃	变异系数/%
		气温/℃	年份	气温/℃	年份		
冬前积温	638.2	777.6	2006	512.1	1981	265.5	24.0
秋季降温幅度	11.9	17.7	2003	6.7	1988	11.0	24.6
年负积温	−203.5	−84.2	1976	−349.1	1994	264.9	25.7
1 月极端高温	9.6	21.9	2001	2.5	1976	13.9	19.1
春季降温幅度	21.9	33.5	1995	11.8	1989	21.7	20.8

表 3-3 黑龙港地区 1970～2009 年小麦冻害不同温度指标之间的相关性

	冬前积温	秋季降温幅度	年负积温	春季降温幅度
秋季降温幅度	−0.1102			
年负积温	0.2297	0.0200		
春季降温幅度	0.0033	−0.1371	−0.1915	
1 月极端高温	0.0994	−0.0208	0.4537[**]	0.0123

注：$n=40$

分析各种类型冻害年际变化规律，并对各种指标前 10 位的年份，以超平百分率（某年份该指标超过 40 年平均值的百分率）的形式，对各种指标进行叠加，得到各种相关指标的综合表现，以此对各年份的冻害温度条件进行综合评价。冬前积温较高、秋季降温幅度较大、年负积温绝对值较大、1 月出现极端高温和春季降温幅度较大等不利温度条件单独发生和综合作用，冬小麦易发生冻害，对冬小麦的安全越冬和春季生长构成威胁。

1961～2013 年黑龙港地区冬小麦越冬前气温总体上呈升高的趋势，但在越冬期以前亦可能气温骤降，导致冬小麦冻害。以一次降温过程中，日平均气温从 5℃降至 −5℃以下或日平均气温骤降 10℃为气温骤降的气象指标，根据 1961～2013 年的统计数据，共发生 19 次气温骤降事件，平均发生频率约为 4 次/10a（表 3-4）。

表 3-4 1961～2013 年黑龙港地区越冬期以前气温骤降型年份

年份	日平均降温/（℃/d）	降温过程日数
1967	5	2
1968	2.1	6
1969	4.4	3
1970	1.8	7
1972	2.1	5
1976	2.2	5
1979	4.3	4
1980	5.4	2

续表

年份	日平均降温/（℃/d）	降温过程日数
1984	2.7	4
1985	2.4	5
1987	2.2	6
1990	2.4	5
1992	4.3	3
1993	2.1	8
1994	4.1	3
1997	2.7	4
2005	2.7	4
2008	4.7	3
2009	2.6	6

冬小麦越冬期内负积温和≤−10℃的积温均呈显著上升趋势，增幅分别为24.73℃/10a 和 7.96℃/10a。极端最低温度亦呈显著升高的趋势，增幅为0.45℃/10a，但年际波动大，变化范围为−19.2～−9.5℃。≤−10℃的天数显著降低，降幅为3d/10a，但≤−10℃的天数变化幅度大，1967 年多达 44d，而 1988 年的冬季最低温度均在−10℃。这都意味着虽然冬小麦生长季的气温总体上升高，但冬小麦越冬期发生冻害的风险增加了。

二、倒春寒及春季霜冻

倒春寒：倒春寒是指小麦返青—拔节阶段连续 5d 日平均气温仅 5℃，且日最低气温又低于−3℃，导致小麦受到冻害（−4～−3℃受轻度冻害、−5～−4℃受中度冻害、−5℃以下受重度冻害）（赵广才，2024）。1961～2013 年，黑龙港地区倒春寒发生的频率为 3 次/10a（表 3-5）。表中数据显示，极端低温（≤−10℃）的天数和累积温在 1961～2013 年呈现明显的波动。1967 年是极端低温最严重的年份，出现了 44 天≤−10℃的天气，累积温达−124.9℃。相比之下，1994 年仅有 1 天≤−10℃，累积温仅为−0.2℃，说明极端低温事件在不同年份间强烈不均。最低温度在整个研究时段内普遍低于−10℃，其中最冷的年份出现在 1967 年和 1971 年，最低温度为−19.2℃；而相对较温暖的年份如 1994 年，最低温度仅为−10.2℃（表 3-6）。这表明尽管极端低温仍然存在，但其强度在某些年份有所减弱。总的来说，华北地区的极端低温在时间上呈现强烈的年际差异，1960～1970 年极端低温较为频繁，2000 年后有所缓解，可能与区域气候变暖有关。

表3-5　1961～2013年黑龙港地区倒春寒发生的年份及降温幅度

年份	1962年	1965年	1966年	1968年	1972年	1974年	1976年	1979年
降温过程中 T_{min}/℃	−4.9	−3.5	−4.1	−4.1	−3.3	−5.3	−5	−3.5
年份	1982年	1987年	1992年	1995年	1998年	1999年	2000年	2006年
降温过程中 T_{min}/℃	−3.7	−3.5	−3.1	−3.9	−4.8	−3.4	−3.2	−5.2

表3-6　1961～2013年黑龙港地区冬季极端温度发生的规律

年份	≤−10℃的天数	≤−10℃的负积温/℃	最低温度/℃	年份	≤−10℃的天数	≤−10℃的负积温/℃	最低温度/℃
1961	6	−4.2	−12.7	1988	0	0	−9.5
1962	22	−46.3	−15.2	1989	6	−14	−16.2
1963	32	−62.1	−15.2	1990	1	−0.4	−10.4
1964	3	−4.4	−12.4	1991	4	−3.9	−12.4
1965	19	−48.6	−14.4	1992	10	−16.2	−13.4
1966	35	−79.1	−14.8	1993	2	−1.6	−11.4
1967	44	−124.9	−19.2	1994	1	−0.2	−10.2
1968	32	−84.7	−16.2	1995	12	−9.7	−13.5
1969	26	−74.2	−17.4	1996	6	−26.3	−16.7
1970	25	−51	−16.8	1997	6	−16.3	−15.8
1971	24	−69	−19.2	1998	5	−5.5	−12.3
1972	10	−16.3	−13.9	1999	21	−49.9	−18.1
1973	12	−14.1	−12.8	2000	12	−42.4	−18.5
1974	2	−2.2	−11.7	2001	2	−1.5	−11
1975	15	−14.7	−13.6	2002	17	−52.4	−15.8
1976	35	−91.9	−15.7	2003	5	−10.9	−14.2
1977	9	−17.5	−14.9	2004	23	−38.1	−14.8
1978	13	−27.2	−17.1	2005	10	−17.2	−13.3
1979	14	−43.4	−16.8	2006	1	−0.7	−10.7
1980	24	−36	−14.8	2007	6	−4.7	−11.5
1981	8	−17	−13.8	2008	9	−8.5	−12.8
1982	7	−11.9	−13.9	2009	15	−29.7	−15.6
1983	22	−27.4	−13.4	2010	18	−21.9	−12.7
1984	16	−25.7	−13.5	2011	9	−9.6	−12.2
1985	18	−37.1	−16.9	2012	14	−30.7	−14.7
1986	8	−22.9	−17.9	2013	2	−1.7	−11.4
1987	10	−12	−12.1				

　　1961～2013年，倒春寒事件在黑龙港地区多次发生，共记录了16个典型年份，表明倒春寒是该地区的显著气象现象。倒春寒事件过程中最低温在不同年

份的波动明显，范围在–5.3～–3.1℃。最冷的年份出现在 1974 年（–5.3℃）和 2006 年（–5.2℃），表明这两个年份的倒春寒对作物的影响可能尤为严重（表 3-5）。

以 4 月日最低气温低于 0℃、–3℃分别为轻度、重度春季霜冻的气象指标。1961～2013 年，黑龙港地区春季霜冻发生的频率为 2.4 次/10a。小麦拔节以后，其生长发育所要求的最低温度逐渐增高，0℃以上的低温亦会对小麦造成伤害，如：1979 年 4 月 25 日和 26 日，日最低温均为 1.8℃；2010 年 4 月 27 日，日最低温度为 1.5℃；2013 年 4 月 19 日和 20 日，日最低温均为 0.2℃（表 3-7）。可见，黑龙港地区冬小麦生长季总体气温升高，暖冬年份增多，但亦会遭遇春季霜冻，特别是近些年，拔节中后期冷害发生的频率增高，成为影响小麦生产的重要因素。

表 3-7 1961～2013 年黑龙港地区春季霜冻和冷害发生的情况

年份	1962 年	1963 年	1964 年	1965 年	1967 年	1969 年	1971 年	1972 年
天数	2	1	3	3	1	2	1	3
日最低温度/℃	–3.4	–0.6	–0.5	–0.8	–0.3	–2.1	0	–2.4
年份	1974 年	1979 年	1993 年	1996 年	2010 年	2012 年	2013 年	
天数	1	2	2	1	1	1	2	
日最低温度/℃	–0.9	1.8	–1.2	–1.1	1.5	–0.5	0.2	

三、干旱及干热风

华北地区冬小麦干旱包括冬旱和春旱（周丽涛等，2023；管玥等，2023；邓振镛等，2010）。冬旱是指 12 月至翌年 2 月持续 70d 以上无有效降水，黑龙港地区大多数年份冬季持续 70d 以上无有效降水。春旱是指 3～5 月总降水量 45mm 以下，黑龙港地区 60%以上的年份 3～5 月（返青—开花期）总降水量在 45mm 以下（表 3-8）。另外，1971～1972 年、1975～1976 年、1977～1978 年、1995～1996 年和 2005～2006 年冬小麦返青—开花期降水量均在 10mm 以下，1971～1972 年、1979～1980 年、2004～2005 年和 2010～2011 年冬小麦生长季降水量分别为 61.9mm、71.7mm、69.2mm 和 67.7mm，严重影响小麦生产。

表 3-8 1961～2013 年黑龙港地区小麦返青—开花期降水量≤45mm 的年份

年份	1961 年	1962 年	1964 年	1965 年	1966 年	1967 年	1971 年	1972 年	1973 年	1975 年	1977 年
降水量/mm	37.1	34.9	33.5	28.8	20	13.4	7.1	24.5	15.2	4.2	7.6
年份	1979 年	1980 年	1981 年	1983 年	1984 年	1987 年	1988 年	1991 年	1992 年	1995 年	1996 年
降水量/mm	40.1	18.5	24.4	11.4	25	18.8	35.5	10.5	11.9	5.5	39.9
年份	1997 年	1998 年	1999 年	2000 年	2001 年	2004 年	2005 年	2012 年	2013 年		
降水量/mm	39.5	27.5	17.6	37.4	18.4	11.3	2.7	23.1	18		

干热风和高温逼熟：以小麦灌浆期 14:00 气温≥30℃、空气相对湿度≤30%、风速≥3m/s 为干热风的气象指标（Wang et al.，2021；Langridge and Reynolds，2021；Degen et al.，2021）。黑龙港地区冬小麦灌浆期干热风每 10 年发生的总次数呈下降趋势（表 3-9）。可见，在灌浆期，干热风发生的频次有所降低，但仍然可能发生。以灌浆期日最高气温高于 35℃、持续 2d 以上为高温逼熟的气象指标。黑龙港地区 60%以上的年份，冬小麦灌浆期会遭遇高温逼熟（表 3-10）。

表 3-9　1961～2013 年黑龙港地区小麦灌浆期发生干热风的年份

年份	1962 年	1965 年	1966 年	1967 年	1968 年	1971 年	1972 年	1973 年	1974 年	1976 年	1981 年
干热风日数	4	2	3	1	6	4	3	1	1	1	6

年份	1983 年	1989 年	1996 年	1998 年	2000 年	2001 年	2002 年	2005 年	2006 年	2008 年	2009 年
干热风日数	1	1	1	1	1	1	1	1	2	1	1

表 3-10　1961～2013 年黑龙港地区小麦灌浆期发生高温逼熟的年份

年份	1961 年	1962 年	1965 年	1966 年	1967 年	1968 年	1970 年	1971 年	1972 年	1973 年	1974 年	1975 年	1976 年	1978 年
持续天数	7	6	4	3	4	9	1	5	12	1	2	4	1	3
日最高气温/℃	40	36.5	36.7	36.5	35.8	39.1	35.2	36.4	39.6	36.8	36.4	37.9	35.5	37.8

年份	1979 年	1980 年	1981 年	1982 年	1983 年	1984 年	1985 年	1986 年	1987 年	1988 年	1991 年	1992 年	1993 年	1994 年
持续天数	1	4	4	7	9	2	1	3	1	4	1	3	1	4
日最高气温/℃	35	36.6	37.5	37.5	37.9	35.5	36.3	38.4	36	40.3	35	36.9	35.7	36.9

年份	1995 年	1996 年	1997 年	1999 年	2000 年	2001 年	2002 年	2004 年	2005 年	2006 年	2007 年	2009 年	2011 年	2012 年
持续天数	1	1	3	3	6	9	7	2	4	3	6	3	3	3
日最高气温/℃	36.7	39.3	36.7	35.8	38.3	37.5	38	37.7	37.7	36.8	37.8	37.5	35.7	35.6

第三节　夏玉米生长季气象条件

一、生长季气候要素变化

1961～2013 年黑龙港地区夏玉米生长季的平均气温和平均最低温度均呈显著增加的趋势，升幅分别为 0.12℃/10a 和 0.16℃/10a；平均最高温度有所升高，升幅 0.13℃/10a，但变化不显著。平均最低温度的升幅比最高温度大，因而气温日较差呈现降低趋势，但差异不显著（图 3-4）。播种—吐丝和吐丝—成熟阶段的平均最低温度是显著升高的，升幅分别为 0.20℃/10a 和 0.17℃/10a，且播种—吐丝阶段平均最低温度的升幅比吐丝—成熟阶段大，说明前期夜温升高，增加了夜间的呼吸消耗，不利于干物质的积累和营养物质的贮备。

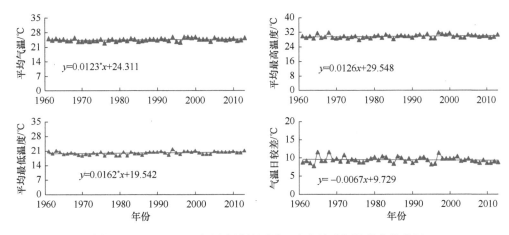

图 3-4 1961～2013 年黑龙港地区夏玉米生长季气温的变化特征
*表示有统计学差异（$P<0.05$）（下同）

1961～2013 年黑龙港地区夏玉米生长季的日照时数呈显著降低趋势，降幅为 0.45h/10a，其中，播种—吐丝和吐丝—成熟阶段的平均日照时数降幅分别为 0.67h/10a 和 0.34h/10a（图 3-5）。显然，寡照对夏玉米生长的影响越来越突出。1961～2013 年黑龙港地区夏玉米生长季降水量有所降低，尚未达到显著水平，但年际差异大（图 3-6），易发生干旱、雨涝等灾害。

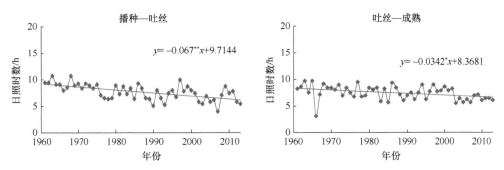

图 3-5 1961～2013 年黑龙港地区夏玉米不同生育阶段日照时数的变化特征

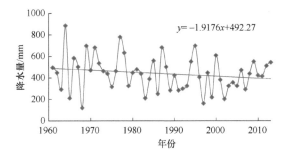

图 3-6 1961～2013 年黑龙港地区夏玉米生长季降水量的变化特征

二、夏玉米灾害性天气

对 2002～2010 年黑龙港地区夏玉米生长季的温度、湿度、降雨量、风速、日照时数等指标进行了分析（图 3-7），结果表明：7 月上旬平均最高气温出现极大值，降雨量较少，日照时数较多，易发生高温干旱灾害；7 月中旬，降雨量和平均相对湿度增加，而日照时数出现极小值，日照不足可影响夏玉米的光合生产、干物质积累和植株建成；从 7 月下旬到 8 月中旬，平均最高气温、平均最低气温、平均相对湿度和降雨量均达到较高水平，是典型的高温高湿天气，会对夏玉米的生长发育造成一定的不利影响；9 月下旬，平均温度逐渐降低，影响籽粒灌浆和成熟。8 月易遭遇雷雨大风天气，造成玉米根倒茎折，造成严重的产量损失。夏玉米生长季的温度、湿度、降雨量、风速、日照时数等指标的年际差异较大（表 3-11），这反映出年际夏玉米灾害性天气出现的偶然性，同时夏玉米年际灾害性天气变化较大的特点给减灾应变技术措施的研发增添了难度。

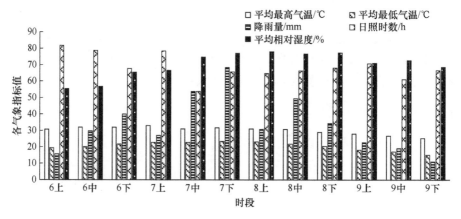

图 3-7　黑龙港地区夏玉米生长季的温度、湿度、降雨量和日照时数的 10 年旬平均值
"6 上"表示 6 月上旬，其他依此类推

表 3-11　黑龙港地区夏玉米灾害性天气的年际变化规律

时段	气象指标	年份									
		2002	2003	2004	2005	2006	2007	2008	2009	2010	2011
7 月上	降雨量/mm	2.8	7.8	30.4	7.2	45.8	0.7	90.8	17.1	52.7	17.0
7 月上	平均最高气温/℃	33.8	31.4	32.3	35.9	31.4	32.4	31.3	33.5	33.8	32.6
7 月中	平均相对湿度/%	63.0	74.0	85.0	76.0	8.9	73.0	76.0	69.0	74.0	70.0
7 月中	平均最高气温/℃	34.5	29.5	29.1	32.6	30.4	31.9	30.2	31.1	31.3	31.9
7 月中	日照时数/h	73.6	41.0	25.6	34.0	39.7	57.7	65.4	68.7	55.8	76.3
7 月下	平均相对湿度/%	78.0	86.0	78.0	74.0	81.0	76.0	74.0	73.0	75.0	75.0
7 月下	平均最高气温/℃	30.8	31.3	31.2	32.1	30.5	31.9	31.8	30.6	34.2	33.0

续表

时段	气象指标	年份									
		2002	2003	2004	2005	2006	2007	2008	2009	2010	2011
8月上	平均相对湿度/%	69.0	84.0	78.0	83.0	82.0	82.0	68.0	79.0	79.0	76.0
8月上	平均最高气温/℃	31.9	31.2	31.8	30.2	31.6	31.6	32.6	30.0	30.6	30.7
8月中	平均相对湿度/%	64.0	74.0	79.0	77.0	77.0	81.0	79.0	72.0	81.0	83.0
8月中	平均最高气温/℃	31.2	30.3	27.8	31.5	32.4	31.5	28.8	32.1	30.1	29.4
9月下	平均最低气温/℃	13.8	15.8	15.6	15.7	16.8	15.5	13.3	16.8	12.2	14.0
8~9月	大风日数	7.0	6.0	11.0	5.0	8.0	5.0	3.0	1.0	6.0	1.0
8~9月	降雨量/mm	89.7	81.6	113.7	127.3	202.6	136.7	137.0	281.7	291.6	216.2
整个生长季	降雨量/mm	211.8	318.8	366.2	325.4	475.0	285.7	441.2	554.7	432.0	406.1
整个生长季	单日最大降雨量/mm	30.0	21.5	18.8	37.4	104.0	37.1	47.3	54.3	64.8	76.4

第四节　夏玉米生长季气象灾害

一、极端高温

在河北黑龙港地区，8月上、中旬玉米处于抽雄—吐丝期，≥35℃高温会严重影响授粉、受精和结实。虽然夏玉米生长季的平均最高温度并没有显著增加（资料略），但是≥35℃的高温日数并没有减少，1968年8月1~5日连续5日出现极端高温天气，2005年8月12~15日连续4日出现极端高温天气（表3-12）。因此，要注意防范极端高温天气对玉米生产造成的不利影响。

表 3-12　1961~2013年黑龙港地区8月≥35℃的高温天气情况（单位：℃）

1960s		1970s		1980s		1990s		2000年以后	
月/日/年	日最高温	月/日/年	日最高温	月/日/年	日最高温	月/日/年	日最高温	月/日/年	日最高温
8/5/1961	35	8/5/1973	35.3	8/2/1981	35.4	8/21/1991	35.9	8/1/2002	35.7
8/8/1965	36.1	8/10/1975	35	8/4/1983	35.6	8/22/1991	35.1	8/2/2002	35.9
8/14/1965	35.8	8/21/1975	36.7	8/5/1983	35.8	8/1/1992	35	8/3/2002	35.3
8/24/1965	35.3	8/4/1978	35.5	8/15/1983	35.2	8/3/1992	35.3	8/12/2005	35.3
8/27/1965	35.1	8/5/1978	35.3	8/5/1984	37.6	8/8/1997	36.4	8/13/2005	35.6
8/5/1966	35.6	8/5/1979	37.7	8/6/1984	35.2	8/10/1997	36.2	8/14/2005	35.1
8/1/1967	35.5	8/9/1979	35.1	8/5/1985	35.1	8/11/1997	36	8/15/2005	35.2
8/7/1967	35.8	8/10/1979	35.4	8/11/1989	36.6	8/12/1997	35.8	8/12/2006	35.1
8/8/1967	36.7					8/18/1997	35.2	8/9/2007	36.5
8/1/1968	36.5					8/3/1998	35		
8/2/1968	36.9								
8/3/1968	36.3								
8/4/1968	36.5								
8/5/1968	35.5								

二、强降雨

夏玉米生长季降雨多,会发生日降水量≥50mm 的暴雨或者强降雨。在 1961~2013 年,80%的年份在夏玉米生长季会有日降水量≥50mm 的情况,有的年份会出现 5~7 次(表 3-13)。强降雨常常伴随着大风,使玉米容易发生倒伏,尤其在吐丝—成熟期。据统计,在 1961~2013 年夏玉米籽粒灌浆期间,降水量≥50mm 且平均风速≥3m/s 的时间为:1962 年 8 月 18 日,日降水量达 70.4mm,且风速为 5.5m/s;1965 年 8 月 27 日,日降水量达 50.4mm,且风速为 5.3m/s;1966 年 8 月 31 日,日降水量达 61.8mm,且风速为 3.8m/s;1976 年 9 月 6 日,日降水量达 82.1mm,且风速为 4.3m/s;1981 年 8 月 16 日,日降水量达 112.7mm,且风速为 5m/s;1984 年 8 月 10 日,日降水量达 111.8mm,且风速为 4.8m/s;1987 年 8 月 26 日,日降水量达 102.5mm,且风速为 3.8m/s。

表 3-13　1961~2013 年黑龙港地区夏玉米生长季降水量≥50mm 天气发生情况

年份	1961 年	1962 年	1963 年	1965 年	1966 年	1967 年	1969 年	1971 年	1972 年	1973 年	1974 年	1975 年
出现日数	2	2	7	1	2	2	2	5	2	1	2	1
最大降水量/mm	116.5	197	106.6	88	65	62.2	138.1	122.6	274.3	60	79.7	64.7

年份	1976 年	1977 年	1978 年	1980 年	1981 年	1982 年	1983 年	1984 年	1985 年	1987 年	1988 年	1989 年
出现日数	3	4	4	2	3	1	1	2	2	4	2	2
最大降水量/mm	82.1	86.9	140.2	73.6	126.3	86.3	57.9	119.3	55.8	153.5	104.2	114.7

年份	1991 年	1992 年	1994 年	1995 年	1998 年	2000 年	2001 年	2003 年	2005 年	2006 年	2007 年	2008 年
出现日数	1	3	1	4	1	4	2	1	2	2	1	2
最大降水量/mm	91.1	64.1	138.9	90.6	317.7	183.3	104.2	103.7	57.2	104	51.1	89.4

年份	2009 年	2010 年	2011 年	2012 年	2013 年
出现日数	2	3	1	2	2
最大降水量/mm	132.5	64.8	76.4	65.4	133.7

三、阴雨寡照

夏玉米生长季日照时数≤2h 的阴雨寡照天数显著增加,增幅为 2.6d/10a,其中,8~9 月日照时数≤2h 的天数显著增加,增幅为 1.12d/10a(图 3-8)。夏玉米生长季日照时数≤2h 的天数基本上一半以上发生在 8~9 月,此阶段正是玉米抽雄、吐丝和灌浆的关键时期,阴雨寡照对玉米授粉、受精、结实和籽粒灌浆有严重影响。1961~2013 年夏玉米生长季、8~9 月日照时数不足 2h 的平均天数分别为 19d 和 11d。但年际差异大,部分年份整个生长季日照时数不足 2h 的天数已经

累计 30d 以上（图 3-8），如 1978 年、1985 年、1990 年、2003 年、2005 年、2006
年、2007 年、2012 年和 2013 年，其中 2007 年达 39d。

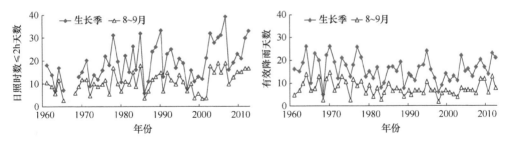

图 3-8　1961～2013 年黑龙港地区夏玉米生长季日照时数≤2h 和有效降雨天数

1961～2013 年，黑龙港地区在 8～9 月共记录到 20 次连续阴雨天气事件，表
明该时段是连续阴雨的高发期。事件的持续天数为 3～7 天，其中最长持续时间为
1985 年 9 月 12 日至 9 月 18 日，共 7 天。持续时间在 5 天及以上的事件较多（如
1969 年、1985 年、1990 年、1993 年、2007 年 9 月、2009 年、2010 年 9 月和 2011
年），约占总事件的 35%。所有事件均伴随显著的低日照时数（≤2h/d）或无日照
（0h/d），其中绝大多数事件日照时数=0h（如 1981 年、1988 年、1992 年等）。降
雨频繁且强度高，多次事件伴随连续降雨天（如 1979 年、2000 年、2010 年）。其
中 2000 年 8 月 7 日至 8 月 9 日降雨达 183.3mm，为表中降雨强度最高的事件（表
3-14）。这些特征表明连续阴雨天气对农业生产和灾害防控具有重要意义，应重点
关注其影响并制定应对措施。

表 3-14　1961～2013 年黑龙港地区 8～9 月连续阴雨天气发生的情况

年份	连续日期（月/日）	天数	灾害情况
1969	9/25～9/29	5	连续 5d 日照时数=0h，且有 1d 降雨
1979	8/12～8/15	4	连续 4d 降雨，且其中有 2d 日照时数≤2h
1981	8/3～8/6	4	连续 4d 日照时数=0h
1983	9/7～9/10	4	连续 4d 日照时数≤2h，且有 1d 降雨
1985	9/12～9/18	7	连续 7d 日照时数≤2h，其中 6d 日照时数=0h
1988	8/13～8/16	4	连续 4d 日照时数=0h，且有 3d 降雨
1990	8/2～8/6	5	连续 5d 日照时数≤2h，其中 4d 日照时数=0h，且有 1d 降雨
1992	8/13～8/15	3	连续 3d 日照时数=0h，且有 1d 降雨
1993	7/30～8/5	6	连续 6d 日照时数=0h，且有 1d 降雨
1995	9/5～9/8	4	连续 4d 日照时数=0h，且有 2d 降雨
1997	9/9～9/12	4	连续 4d 日照时数≤2h，且有 2d 降雨
2000	8/7～8/9	3	连续 3d 日照时数=0h，且有 2d 降雨，其中 1d 降雨达 183.3mm
2004	8/24～8/27	4	连续 4d 日照时数=0h
2007	8/5～8/8	4	连续 4d 日照时数≤2h，且有 1d 降雨
2007	9/26～10/1	6	连续 6d 日照时数≤2h，其中 5d 日照时数=0h，且有 3d 降雨

续表

年份	连续日期（月/日）	天数	灾害情况
2009	9/4～9/8	5	连续5d日照时数≤2h，其中4d日照时数=0h，且有4d降雨
2010	8/19～8/22	4	连续4d降雨，且其中有2d日照时数=0h
2010	9/17～9/21	5	连续5d日照时数=0h，且有4d降雨
2011	9/10～9/14	5	连续5d日照时数≤2h，其中4d日照时数=0h，且有1d降雨
2013	9/20～9/23	4	连续4d日照时数=0h，且有1d降雨

综上所述，黑龙港地区冬小麦生长季气温升高，使冬小麦越冬前旺长、灌浆期遭遇高温逼熟和干热风的风险加大；另外，冬小麦遭遇冻害、倒春寒、春季霜冻和冷害的频率增加，冬小麦还易遭遇冬旱和春旱以及日照不足，特别是灌浆期日照不足。夏玉米生长季气温亦升高，尤其是播种—吐丝阶段的平均最低温度显著升高，增加了夜间的呼吸消耗，不利于干物质的积累；平均最高温度虽然没有明显的增加，但仍然会遭遇≥35℃的极端高温天气；降水量有降低的趋势，但年际差异大，易导致阶段性干旱以及强降雨（常伴随大风）、阴雨寡照等灾害。这些气象灾害对黑龙港地区小麦、玉米生产的影响不容忽视。

参 考 文 献

邓振镛, 王强, 张强, 等. 2010. 中国北方气候暖干化对粮食作物的影响及应对措施. 生态学报, 30(22): 62-78.

关东明, 李娇, 苏洲, 等. 2012. 沧州地区小麦越冬期温度条件的年际变化研究. 中国农学通报, 28(30): 6-10.

管玥, 何奇瑾, 刘佳鸿, 等. 2023. 华北平原夏玉米干旱灾害的时空变化特征及危险性评估. 水土保持研究, 30(2): 267-273.

李方红, 燕良东. 2015. 河北省黑龙港区农村饮水安全现状分析与对策研究. 科技视界, (10): 57-118.

赵广才. 2024. 北方冬麦区小麦苗情分析及春季管理技术建议. 作物杂志, (2): 255-260.

赵广才, 常旭虹, 王德梅, 等. 2011. 农业隐性灾害对小麦生产的影响与对策. 作物杂志, (5): 1-7.

周丽涛, 孙爽, 郭尔静, 等. 2023. 干旱条件下APSIM模型修正及华北冬小麦产量模拟效果. 农业工程学报, 39(6): 92-102.

Degen G E, Orr D J, Carmo-Silva E. 2021. Heat-induced changes in the abundance of wheat Rubisco activase isoforms. New Phytologist, 229(3): 1298-1311.

Langridge P, Reynolds M. 2021. Breeding for drought and heat tolerance in wheat. Theoretical and Applied Genetics, 134: 1753-1769.

Wang Z, Ma S, Sun B, et al. 2021. Effects of thermal properties and behavior of wheat starch and gluten on their interaction: A review. International Journal of Biological Macromolecules, 177: 474-484.

第四章　阶段性气象灾害胁迫对冬小麦的影响机理

考虑华北主要的作物种类和种植模式（杨天垚等，2023；赵俊芳等，2012；成林等，2011），以冬小麦为主要对象，本章研究了华北冬小麦对未来气候变化和主要灾害的响应机理，以及生产技术的适应对策。研究重点关注不同类型小麦品种的抗寒性和防御冻害的机制、小麦不同光合器官对逆境胁迫的反应差异及其机理、小麦籽粒形成和灌浆期适应高温胁迫的机制、适应技术措施及其防灾减灾的机理，明确华北小麦对主要灾害性气象要素的自适应能力及其机理，为生产技术适应气候变化提供科学理论支撑。

第一节　冬小麦对阶段性低温的生理生化响应

一、试验品种选择

选择安徽亳州、河北吴桥、北京海淀和延庆等 4 个不同的生态区域，对 25 个不同类型小麦品种的生态适应性，特别是抗寒性和产量表现进行了田间鉴定，结果表明：石麦 15、济麦 22、农大 211 等 3 个品种的抗寒性较好，在吴桥、北京等较寒冷区域减产不明显，说明这三个品种具有较好的适应性和稳产性。温麦 19 与浙麦 2 在冬季温度较高的亳州产量较高，但在其他 3 个地区的产量明显降低，死苗率增加，说明这两个品种丰产性较好，但抗寒性不强，播种范围受到限制。

利用温麦 19、浙麦 2、石麦 15、济麦 22、农大 211、中麦 12 等典型品种在北京进行苗期低温冷冻处理试验，研究了其光合特性、叶绿素相对含量（SPAD 值）、相对电导率和主要抗氧化酶的活性。

二、低温对光合生理的影响

低温冷冻处理之后，浙麦 2、农大 211、石麦 15、温麦 19 等品种的光合速率降低，胞间 CO_2 浓度的变化率与其气孔导度、光合速率的变化趋势基本一致（表 4-1），说明低温处理抑制光合作用，主要与低温抑制光合作用相关酶活性或者光合器官的受损有关，而非气孔调节因素的限制。浙麦 2、农大 211、石麦 15 的气孔几乎关闭，蒸腾作用接近停止（表 4-1）。

表 4-1　冷冻处理对小麦品种光合特性的影响

品种	胞间 CO_2 浓度 / (mmol/mol)		变化率/%	光合速率 / [μmol CO_2/(m²·s)]		变化率/%	气孔导度 / [mol H_2O/(m²·s)]		变化率/%	蒸腾速率 / [mmol H_2O/(m²·s)]		变化率/%
	处理前	处理后		处理前	处理后		处理前	处理后		处理前	处理后	
济麦 22	467.8	649.8	39	14.1	19.9	41	0.34	0.07	−79	6.35	2.81	−56
温麦 19	547.7	754.7	38	19.3	15.9	−18	0.33	0.07	−79	6.85	2.65	−61
中麦 12	590.7	723.3	22	15.4	15.7	2	0.26	0.08	−69	5.50	2.97	−46
浙麦 2	537.7	603.3	12	20.8	5.8	−72	0.37	0.00	−100	7.44	0.09	−99
农大 211	549.0	633.3	15	18.0	5.8	−68	0.38	0.00	−100	7.81	0.05	−99
石麦 15	487.7	673.3	38	10.0	6.8	−32	0.28	0.00	−100	5.46	0.13	−98

三、低温下光合生化酶变化

冷冻处理之后，各个品种 SPAD 值均有所下降，其中，农大 211、浙麦 2、石麦 15 的 SPAD 值则显著降低，变化率的绝对值均高于 20%。但低温处理引起的品种 SPAD 值的变化趋势与其抗寒能力强弱的一致性不显著（表 4-2）。

低温处理后，各个品种相对电导率的变化率差异较大。中麦 12 的变化率仅为 8%[①]，而抗寒性相对较好的农大 211 以及石麦 15 的相对电导率变化率分别为 144% 和 269%。低温处理后各个品种丙二醛（MDA）的含量均降低（表 4-2）。

表 4-2　冷冻处理对小麦品种 SPAD 值、相对电导率和 MDA 含量的影响

品种	SPAD 值		变化率/%	相对电导率		变化率/%	MDA 含量/(μmol/g)		变化率/%
	处理前	处理后		处理前	处理后		处理前	处理后	
济麦 22	36.42	31.60	−13	0.17	0.28	65	6.10	5.15	−16
温麦 19	35.95	32.27	−10	0.21	0.29	38	5.29	4.10	−22
中麦 12	41.25	33.53	−19	0.25	0.27	8	9.01	7.69	−15
浙麦 2	35.65	27.20	−24	0.23	0.46	100	7.02	4.10	−42
农大 211	33.83	24.60	−27	0.16	0.39	144	9.06	6.95	−23
石麦 15	32.63	26.03	−20	0.13	0.48	269	7.68	6.17	−20

济麦 22、农大 211、中麦 12 的超氧化物歧化酶（SOD）和过氧化物酶（POD）活性均大幅度增加；而春性品种浙麦 2 的过氧化氢酶（CAT）活性变化率最小，为 13%，半冬性品种温麦 19 的变化率最大，为 104%（表 4-3），说明低温逆境下，小麦抗寒性越强，超氧化物歧化酶（SOD）、过氧化物酶（POD）和过氧化氢酶（CAT）的活性增强越多。

---

① 此部分正文中部分数字为精确数字，表中为了显示方便，相关数字为修约后的整数。

表 4-3　冷冻处理对不同小麦品种抗氧化酶活性的影响

品种	POD 活性/ [U/(g·min)]		变化率 /%	CAT 活性/ [U/(g·min)]		变化率 /%	SOD 活性/ （U/mg）		变化率 /%
	处理前	处理后		处理前	处理后		处理前	处理后	
济麦 22	619.5	1776.0	187	30.42	40.45	33	1467.28	1895.56	29
温麦 19	183.0	289.5	58	23.17	47.18	104	1895.56	2173.70	15
中麦 12	562.5	957.0	70	56.14	65.05	16	1046.16	1253.60	20
浙麦 2	408.0	451.5	11	34.81	39.24	13	1042.18	1140.14	9
农大 211	651.0	1222.5	88	11.05	16.38	48	931.54	1068.78	15
石麦 15	558.0	1318.5	136	27.67	48.77	76	1558.81	1670.47	7

胞间 CO_2 浓度变化率、光合速率变化率、气孔导度变化率、蒸腾速率变化率、SPAD 值变化率，以及过氧化物酶（POD）活性的变化率之间存在正相关关系；过氧化物酶（POD）活性的变化率与超氧化物歧化酶（SOD）活性的变化率存在负相关关系（表 4-4），说明低温处理导致小麦光合特性、细胞膜透性、活性氧清除机制等方面发生一系列变化，且过氧化物酶（POD）与超氧化物歧化酶（SOD）功能互补。

表 4-4　不同小麦品种冷冻前后各生理生化指标变化率的相关性

指标	Ci	Photo	Cond	Trmmol	SPAD	REC	CAT	POD	MDA	SOD
Ci	1.000	0.815	0.849	0.849	0.885	0.516	−0.017	0.885	0.427	0.427
Photo	0.815	1.000	0.806	0.838	0.758	0.381	−0.017	0.758	0.736	0.736
Cond	0.849	0.806	1.000	0.997	0.716	0.772	0.117	0.716	0.608	0.608
Trmmol	0.849	0.838	0.997	1.000	0.739	0.763	0.094	0.739	0.629	0.629
SPAD	0.885	0.758	0.716	0.739	1.000	0.427	−0.394	1.000	0.438	0.438
REC	0.516	0.381	0.772	0.763	0.427	1.000	0.368	0.427	0.091	0.091
CAT	−0.017	−0.017	0.117	0.094	−0.394	0.368	1.000	−0.394	0.412	−0.330
POD	0.885	0.758	0.716	0.739	1.000	0.427	−0.394	1.000	0.438	−0.849
MDA	−0.176	−0.635	−0.216	−0.263	−0.290	0.301	0.412	0.438	1.000	0.445
SOD	0.427	0.736	0.608	0.629	0.438	0.091	−0.330	−0.849	0.445	1.000

注：$n=6$，$r_{0.05}=0.707$，$r_{0.01}=0.834$。Ci. 胞间 CO_2 浓度；Photo. 光合速率；Cond. 气孔导度；Trmmol. 蒸腾速率；REC. 相对电导率

总之，小麦的抗寒性取决于品种类型。此外，小麦的典型品种在苗期低温冷冻处理后，气孔导度和蒸腾速率明显降低，胞间 CO_2 浓度明显提高；SPAD 值（叶绿素相对含量）有不同程度的下降，相对电导率有不同程度的增加，二者的变化与抗寒能力强弱没有明显的一致性；丙二醛（MDA）含量降低，抗氧化酶的活性增强。因此，单个生理或生化指标的变化并不能反映小麦品种抗寒性的强弱。

第二节　冬小麦对干旱逆境的产量效应机理

小麦抽穗后，旗叶发挥了重要光合功能，此外，叶鞘、穗（包括颖片、内稃、外稃和籽粒等）和穗下节间等非叶器官也具有光合功能（马东辉等，2008；许大全，1997；关义新等，1995；Farquhar and Sharkey，1982）。气候变化对小麦后期威胁最大的气象灾害是干旱和高温（Broberg et al.，2023；邓振镛等，2009，2010），因此，本节阐述了小麦的不同光合器官对干旱和高温胁迫响应的差异及其机理。

一、水分胁迫对光合器官代谢酶活性的影响

设置盆栽试验，于开花期控制灌水，当土壤相对含水量降至 80%，达到轻度水分胁迫（干旱处理时间为 0d），此时旗叶和穗器官（芒、颖片和外稃）的 NAD 苹果酸酶（NAD-ME）、NADP 苹果酸酶（NADP-ME）和 NADP 苹果酸脱氢酶（NADP-MDH）等 C4 途径酶活性较低，但其活性被诱导增强；与 0d 相比，干旱处理时间 2d（中度水分胁迫）C4 途径酶活性增强，且穗器官的增强幅度高于叶片；重度胁迫（4d）下外稃仍保持较高的 C4 酶活性，而叶片的 C4 酶活性却下降（图 4-1）。

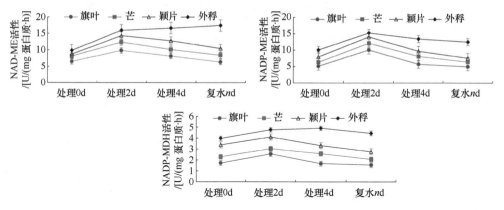

图 4-1　水分胁迫条件下小麦不同光合器官生化酶活性的变化

n 为复水天数，图 4-2 至图 4-5 同

轻度水分胁迫时，旗叶和穗器官的 RuBP 羧化酶（RuBPC）活性较高，随着胁迫加重，RuBP 羧化酶活性持续下降，而 PEP 羧化酶活性变化不大，且穗器官的 PEP 羧化酶（PEPC）活性高于旗叶（图 4-2）。水分胁迫程度不同，旗叶 PEP 羧化酶与 RuBP 羧化酶的比值较为稳定；随着胁迫加重，外稃、颖片和芒的 PEP 羧化酶与 RuBP 羧化酶的比值增加（图 4-3）。水分亏缺导致各器官光合速率下降，但旗叶叶片的下降幅度远大于穗器官，穗器官相对较高的 C4 酶活性及其在水分胁迫下诱导增强的特性是逆境下穗光合保持相对稳定的重要原因。

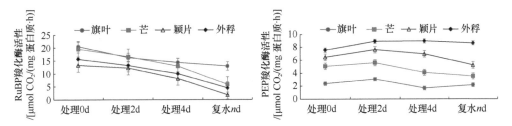

图 4-2　水分胁迫条件下小麦不同光合器官 RuBP 羧化酶和 PEP 羧化酶活性的变化

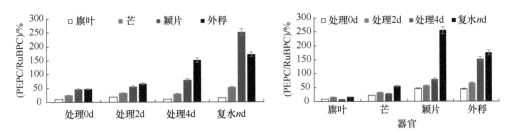

图 4-3　水分胁迫条件下小麦不同光合器官 PEP 羧化酶与 RuBP 羧化酶活性的比值变化

二、水分胁迫对小麦光合电子传递的影响

设置盆栽试验，于开花期控制灌水。当土壤相对含水量降至 80%，达到轻度水分胁迫（干旱处理时间为 0d）时，旗叶和穗器官的 Hill 反应活力、解偶联和偶联电子传递速率处于较高水平；随着水分胁迫加重，其 Hill 反应活力、解偶联和偶联电子传递速率均下降，但旗叶叶片的下降幅度明显大于穗、穗下节间和叶鞘等非叶光合器官（图 4-4，图 4-5）。

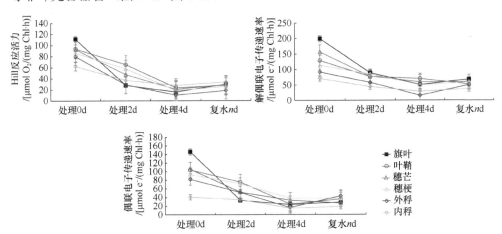

图 4-4　水分胁迫条件下小麦不同光合器官 Hill 反应活力、解偶联和偶联电子传递速率的变化

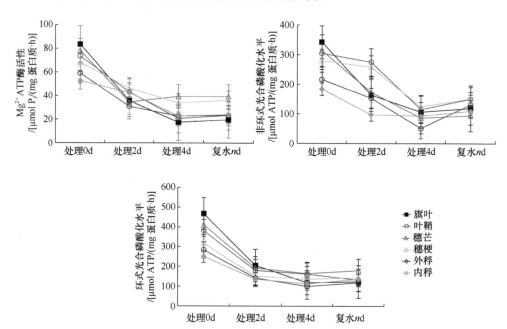

图 4-5　水分胁迫条件下小麦不同光合器官 Mg²⁺ ATP 酶活性、非环式与环式光合磷酸化水平的变化

第三节　灌浆期高温对小麦产量的影响机理

一、灌浆期高温对产量的影响

以小麦强耐热品种石家庄 8 号和弱耐热品种河农 341 为材料，2010～2011 年设置不同播期试验，结果是，晚播后期高温使河农 341 千粒重降低 15.2%，使石家庄 8 号千粒重降低 5.1%。2011～2012 年于灌浆期（花后第 8 天至第 22 天）用塑料膜搭棚进行增温处理（9:00～16:30 棚内温度 32～35℃，棚内外温差 4～6℃），增温处理使河农 341 和石家庄 8 号千粒重分别降低 37.1% 和 25.3%，产量分别降低 37.5% 和 26.1%（表 4-5）。可见，高温对石家庄 8 号粒重和产量的影响程度明显低于对河农 341 的影响。

表 4-5　高温对石家庄 8 号和河农 341 产量及其构成因素的影响

品种	处理	穗数/（×10⁴/hm²）	穗粒数	千粒重/g	产量/（kg/hm²）
2010～2011 年					
河农 341	CK	—	—	40.2b	7495a
	HT	—	—	34.1d	5922c
石家庄 8 号	CK	—	—	43.3a	7769a
	HT	—	—	41.1c	7005b

续表

品种	处理	穗数/（×10⁴/hm²）	穗粒数	千粒重/g	产量/（kg/hm²）
2011～2012 年					
河农 341	CK	635a	34.8a	39.6b	7342a
	HT	637a	33.9a	24.9d	4590c
石家庄 8 号	CK	647a	32.7b	42.7a	7880a
	HT	642a	32.3b	31.9c	5821b

注：CK. 对照，正常温度；HT. 高温，2010～2011 年为晚播（播期由 10 月 10 日推迟到 10 月 28 日），—. 未测定。2011～2012 年为高温棚处理。数据后不同字母表示处理间有显著差异（$P<0.05$）

二、灌浆期高温对光合速率及物质形成的影响

通过控制试验研究了灌浆期增温处理（HT）及其对照（CK）的旗叶光合速率（P_n）、叶绿素相对含量（SPAD 值）、旗叶和非叶器官中丙二醛（MDA）、脯氨酸（Pro）含量及超氧化物歧化酶（SOD）、过氧化氢酶（CAT）和过氧化物酶（POD）活性等。

高温处理使小麦旗叶的光合速率明显降低，其中，光合速率平均值的降低幅度因品种而异，河农 341 旗叶光合速率平均降低了 24.9%，石家庄 8 号则降低了 18.7%（图 4-6A）。可见，高温处理明显降低了灌浆期旗叶的光合速率，但石家庄 8 号的旗叶光合耐热性要强于河农 341。

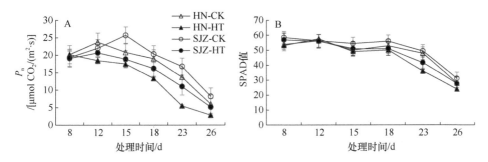

图 4-6　高温下河农 341 和石家庄 8 号旗叶光合速率（A）和叶绿素相对含量（B）的变化（2011～2012 年）

HN-CK. 河农 341 对照处理；HN-HT. 河农 341 高温处理；SJZ-CK. 石家庄 8 号对照处理；SJZ-HT. 石家庄 8 号高温处理；下同

高温处理下，小麦旗叶的叶绿素相对含量随处理时间的延长而下降，处理第 7 天（花后 15d）开始明显低于对照，在处理后第 10 天（花后 18d）和第 15 天（花后 23d），河农 341 比对照分别降低 6.5% 和 26.8%，石家庄 8 号比对照分别降低

8.8%和 13.0%（图 4-6B）。可见，高温处理会加速旗叶叶绿素衰减，但石家庄 8 号的叶绿素衰减较河农 341 慢。

在高温处理期间，处理和对照的籽粒 Pro 含量呈逐渐下降趋势，而叶与其他非叶器官 Pro 含量呈现先升高后降低的趋势，最高值都出现在处理后第 10 天（花后 18d）。高温处理后两品种各器官 Pro 含量均高于对照，说明高温诱导了 Pro 增加。从处理后各器官不同时期 Pro 含量平均值相对于对照增加百分比来看，河农 341 表现为籽粒（24.1%）＞穗下节（21.6%）＞旗叶鞘（18.4%）＞颖片（17.6%）＞旗叶（13.8%），石家庄 8 号表现为旗叶鞘（30.3%）＞旗叶（29.5%）＞颖片（18.5%）＞穗下节（16.1%）＞籽粒（15.1%）。可见，石家庄 8 号高温下叶和非叶器官 Pro 受诱导增加程度均高于河农 341（图 4-7）。

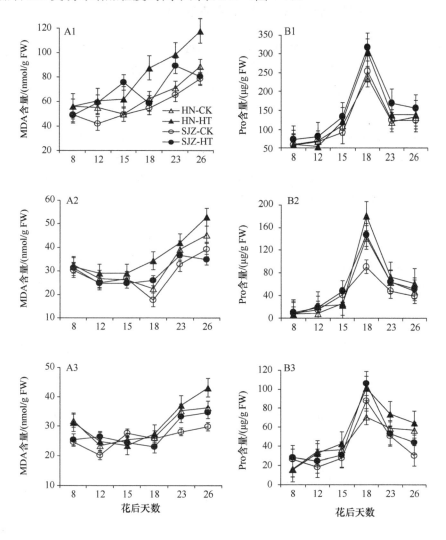

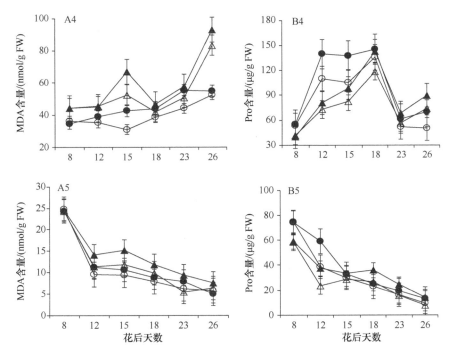

图 4-7   高温下河农 341 和石家庄 8 号不同器官 MDA 和 Pro 含量的变化（2011～2012 年）

HN. 河农 341；SJZ. 石家庄 8 号；HT. 高温处理；CK. 正常温度。A1、B1. 旗叶；A2、B2. 叶鞘；A3、B3. 穗下节；A4、B4. 颖片；A5、B5. 籽粒。高温处理为花后第 8～22 天，处理后恢复常温生长，取样日为花后第 8、第 12、第 15、第 18、第 23、第 26 天

三、灌浆期高温对逆境生化酶 MDA 和 SOD 积累的影响

对照植株不同器官的 MDA 含量，旗叶＞颖片＞旗叶鞘、穗下节＞籽粒，高温处理后旗叶、旗叶鞘、穗下节和颖片 MDA 含量随着处理时间的延长不断升高，且明显高于对照，表明高温处理对这些器官的细胞膜造成较为严重的伤害（图 4-7）。籽粒 MDA 含量在灌浆期呈降低趋势，且高温处理与对照差异很小，显示籽粒的细胞膜稳定性强于其他器官。两品种比较，处理和对照各器官 MDA 含量均是河农 341 高于石家庄 8 号；高温处理下河农 341 植株旗叶、旗叶鞘、穗下节、颖片和籽粒各器官的平均 MDA 含量分别比对照植株相应器官高 24.7%、14.2%、6.7%、11.7%和 18.8%，而石家庄 8 号分别比对照植株相应器官高 22.2%、4.0%、6.2%、13.2%和 8.3%，说明高温胁迫导致各器官膜脂过氧化增强，且旗叶过氧化程度明显大于非叶器官，河农 341 整株受伤害程度明显大于石家庄 8 号。

小麦灌浆期对照的 SOD 酶活性平均值表现为旗叶＞旗叶鞘＞颖片＞穗下节＞籽粒，且石家庄 8 号各器官酶活性均高于河农 341。高温处理诱导旗叶的 SOD 酶活性上升，并在处理后第 4 天（花后 12d）超过对照，之后迅速下降，河农 341 降低

15.1%，石家庄 8 号降低 10.5%。旗叶鞘 SOD 酶活性在处理后持续下降，处理结束后又有所回升；整个灌浆期两品种处理的平均酶活性均低于对照，但降低幅度均较小，河农 341 为 5.6%，石家庄 8 号为 2.5%。穗下节酶活性的变化趋势与旗叶鞘相似，但其平均酶活性则是处理高于对照，河农 341 高 7.2%，石家庄 8 号高 8.3%。颖片 SOD 酶活性在灌浆期持续下降，但高温处理的平均酶活性均高于对照，河农 341 高 10.8%，石家庄 8 号高 11.4%。籽粒 SOD 酶活性在灌浆期呈波动性下降，但处理的平均酶活性高于对照，河农 341 高 3.8%，石家庄 8 号高 8.7%（图 4-8）。

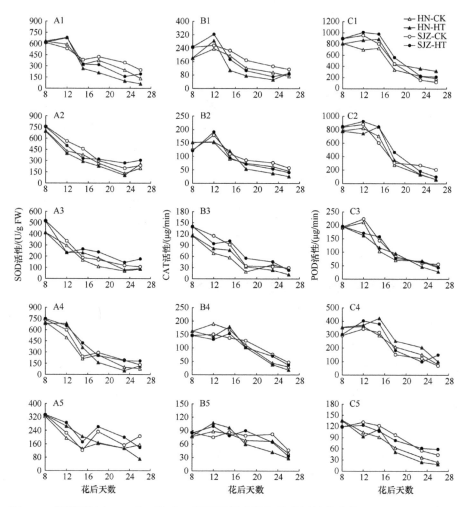

图 4-8　高温下河农 341 和石家庄 8 号不同器官抗氧化酶活性的变化（2011～2012 年）

HN. 河农 341；SJZ. 石家庄 8 号；HT. 高温处理；CK. 正常温度。A1～C1. 旗叶；A2～C2. 叶鞘；A3～C3. 穗下节；A4～C4. 颖片；A5～C5. 籽粒。高温处理为花后第 8～22 天，处理后恢复常温生长，取样日为花后第 8、第 12、第 15、第 18、第 23、第 26 天

四、POD 和 CAT 活性对灌浆期高温的响应

不同器官间 POD 酶活性表现为旗叶＞旗叶鞘＞颖片＞穗下节＞籽粒；颖片 POD 活性以石家庄 8 号低于河农 341，其他器官均以石家庄 8 号高于河农 341。在高温处理下，两品种旗叶酶活性在高温处理前 7d（花后 15d 以内）上升，并明显高于对照，之后迅速下降，但仍高于对照（图 4-8）。各期测定的旗叶酶活性平均值，河农 341 处理比对照增加 24.1%，石家庄 8 号处理比对照增加 14.3%。两品种旗叶鞘 POD 活性也在高温处理下诱导上升，在处理前 15d（花后 23d 内）均明显高于对照，但此后低于对照，河农 341 和石家庄 8 号的平均酶活性，高温处理比对照分别增加 4.3% 和 7.9%。两品种穗下节 POD 活性在高温处理后下降，平均酶活性处理低于对照，下降幅度河农 341 为 6.3%，石家庄 8 号为 7.1%。两品种颖片 POD 活性在高温处理下的变化与叶片相似，平均酶活性处理高于对照，河农 341 高 18.2%，石家庄 8 号高 16.5%。两品种籽粒 POD 活性处理与对照变化相似，平均酶活性处理低于对照，但差异较小，河农 341 相差 4.7%，石家庄 8 号相差 2.9%。

在正常情况下，小麦 CAT 酶活性表现为旗叶＞旗叶鞘、颖片＞籽粒＞穗下节间，除颖片外，其他器官的酶活性均是石家庄 8 号高于河农 341。高温处理诱导旗叶 CAT 酶活性迅速上升，并在处理后 4d（花后 12d）高于对照，但此后又迅速下降，且持续低于对照；高温处理结束后，石家庄 8 号酶活性有所回升但仍低于对照；各期测定的叶片酶活性平均值，河农 341 处理比对照降低 18.7%，石家庄 8 号处理比对照降低 11.2%。旗叶鞘 CAT 酶活性受高温影响的变化趋势与叶片相似，高温处理的平均酶活性也低于对照，降低幅度在 10% 以下，且石家庄 8 号降幅小于河农 341。穗下节 CAT 酶活性受高温影响表现出先下降后上升再下降的趋势，平均酶活性处理高于对照，但增幅较小，河农 341 增加 3.6%，石家庄 8 号增加 4.2%，说明穗下节 CAT 酶活性相对稳定。颖片 CAT 酶活性在处理后也呈波动性下降，处理的平均酶活性低于对照，但降幅较低，河农 341 为 9.6%，石家庄 8 号为 6.4%。籽粒 CAT 酶活性在处理后的变化呈先增后降的趋势，平均酶活性处理低于对照，但降幅很小，河农 341 为 2.3%，石家庄 8 号为 1.2%（图 4-8）。

总之，高温胁迫下，小麦非叶器官比叶片表现出 MDA 含量的增幅较小、脯氨酸含量增幅较高和抗氧化酶活性较稳定，说明其细胞膜的稳定性明显较高，渗透调节和细胞保护能力较强。受高温胁迫，石家庄 8 号旗叶光合速率的降幅小于河农 341，且叶和非叶器官细胞膜稳定性、抗氧化酶活性及其增加幅度均高于河农 341，这可能是石家庄 8 号耐热性强于河农 341、最终产量下降幅度低于河农 341 的重要原因。鉴于非叶器官具有较强的耐热性，为增强小麦对气候变化的适应性，在小麦抗逆育种工作中应重视对非叶光合器官形态与功能特性的选择和评价，在小麦高产栽培中应重视并优化调整非叶器官在群体结构中的配置模式，以充分发挥其耐逆机能优势。

第四节　灌浆期高温和干旱双重胁迫对小麦的影响

以小麦品种石麦 15 为材料，于花后第 15 天开始胁迫处理，共处理 7 天，处理设置：①对照（CK）：田间温度（15～24℃）+正常水分（土壤含水量为田间持水量的 70%～80%）；②土壤水分胁迫（W）：田间温度（15～24℃）+土壤水分胁迫（土壤含水量为田间持水量的 40%～45%）；③高温胁迫（H）：高温（34～36℃）+正常水分（土壤含水量为田间持水量的 70%～80%）；④高温-干旱双重胁迫（WH）：高温（34～36℃）+土壤水分胁迫（土壤含水量为田间持水量的 40%～45%）。高温处理在智能控温温室进行，利用称重法控制盆栽土壤含水量在设定的范围。研究了高温和干旱胁迫对籽粒淀粉含量和千粒重，以及旗叶的光合性能、丙二醛（MDA）含量和抗氧化酶活性等的影响。

一、籽粒光合产物变化

随着灌浆进程，籽粒中淀粉含量均不断增加，胁迫第 7 天（DAA21），干旱、高温-干旱双重胁迫处理下籽粒淀粉含量显著低于对照，高温胁迫下籽粒淀粉含量与对照的差异不显著（表 4-6）。从胁迫解除第 7 天（DAA28）时可以看出，单一高温处理（H）和土壤干旱处理（W）均导致籽粒淀粉含量显著低于对照（CK），其中干旱处理的淀粉含量降幅最大（从 62.36% 降至 52.11%）。高温-干旱双重胁迫（WH）处理的淀粉含量为 52.32%，与单一干旱处理接近，且低于单一高温处理。这表明双重胁迫并未产生显著的累加效应，而是以干旱为主导抑制淀粉积累。胁迫第 3 天（DAA17）开始至成熟，小麦籽粒中淀粉含量增幅依次为：对照（28.1%）＞高温胁迫（26.6%）＞水分亏缺干旱胁迫（23%）＞双重胁迫（15.3%）。成熟时，不同处理千粒重的变化规律由大到小排列顺序与淀粉由高到低顺序一致，表明胁迫使千粒重下降，主要是由于籽粒淀粉积累降低。本试验条件下，单一的干旱胁

表 4-6　花后高温和干旱对小麦籽粒淀粉含量和千粒重的影响

处理	淀粉含量/%				千粒重/g
	DAA17	DAA21	DAA28	成熟	
对照（CK）	52.73a	58.79a	62.36a	73.36a	45.4a
干旱（W）	48.57a	51.75b	52.11b	63.05b	41.5b
高温（H）	49.09a	52.39ab	54.85ab	66.85ab	43.3ab
高温-干旱（WH）	47.38a	48.98bc	52.32b	55.91c	39.0c

注：高温处理为花后第 15～21 天，为期 7 天，胁迫处理后恢复浇水和田间正常温度条件，差异显著性水平为 $P < 0.05$，以不同小写字母标识

迫比高温胁迫对小麦籽粒淀粉积累和千粒重的影响更明显，高温-干旱双重胁迫下籽粒淀粉含量在胁迫第 7 天（DAA21）和成熟时显著低于其他胁迫，这表明高温和土壤水分亏缺干旱对籽粒淀粉积累和千粒重的影响具有叠加效应。

不同胁迫处理，旗叶净光合速率（P_n）和叶片叶绿素相对含量（SPAD 值）的变化基本一致（图 4-9）。在胁迫第 7 天（DAA21），旗叶 P_n 和 SPAD 值均表现为高温-干旱双重胁迫<干旱胁迫<高温胁迫<对照，其中，干旱、高温-干旱双重胁迫下 P_n 和 SPAD 值显著低于对照，但高温处理的 P_n 和 SPAD 值与对照无显著差异。干旱、高温对 F_v/F_m 没有明显的影响，但高温-干旱胁迫使 F_v/F_m 值显著降低，降幅达 30.4%。这说明单一高温或者土壤干旱胁迫对旗叶 F_v/F_m 的影响微小，但高温和干旱双重胁迫对小麦旗叶 F_v/F_m 的影响较大，表现出明显的叠加效应。

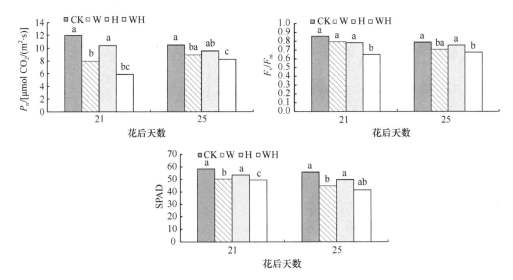

图 4-9 高温和土壤干旱对小麦旗叶 P_n、F_v/F_m 和叶绿素相对含量（SPAD 值）的影响

胁迫解除后复水第 4 天（DAA25），干旱胁迫和高温-干旱双重胁迫处理旗叶的 P_n 与花后 21 天相比有所上升，与对照的差距缩小，较对照分别下降了 19.5%、14.9%，说明胁迫解除后旗叶的 P_n 有所恢复。而 SPAD 值与花后 21 天相比有所下降，与对照之间的差异进一步增大，均显著低于对照。高温-干旱双重胁迫处理旗叶的 F_v/F_m 在胁迫解除后有一定程度的恢复，但随着灌浆进程的推进叶片开始衰老，故 F_v/F_m 值低于花后 21 天的 F_v/F_m 值。

二、小麦逆境生化酶变化

总体来看，小麦开花后各胁迫处理和对照的 MDA 含量和 POD 活性呈逐渐增加的趋势，SOD 和 CAT 活性呈先升高后下降的趋势（图 4-10）。高温-干旱双重胁迫第 3 天（DAA17），小麦旗叶中 MDA 含量和 POD 活性大于对照和单一胁迫处理，对照和单一胁迫处理之间差异不大。随着胁迫处理时间的延长，高温-干旱双重胁迫与干旱胁迫处理之间的差异越来越大，干旱胁迫处理大于高温处理和对照，高温处理和对照之间的差异不大。胁迫解除复水后 MDA 含量和 POD 活性变化趋势与胁迫处理第 3 天一致，表明胁迫造成了小麦旗叶的膜脂过氧化，胁迫期间双重胁迫较单一胁迫能更显著提高 POD 活性。单一的高温胁迫和干旱胁迫下旗叶 POD 活性有较大幅度的增加，这是由于随着叶片及其他光合器官的衰老，需要产生更多的 POD 来清除/缓解衰老。胁迫解除后，小麦 POD 基因表现出对抗不良环境的作用，促使 POD 生成增加，从而清除活性氧，保护植株免受伤害。胁迫解除后 POD 活性仍然高于对照，差异达到显著水平，说明胁迫解除后高温-干旱双重胁迫引起的膜脂过氧化即使解除胁迫也不可恢复。

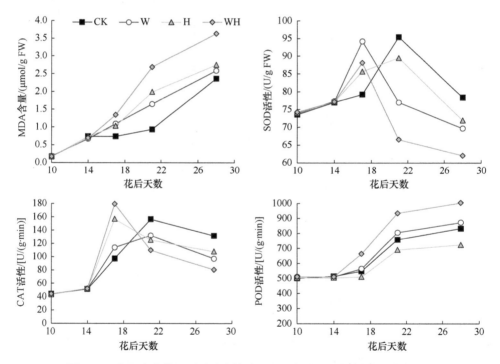

图 4-10　高温和土壤干旱对小麦旗叶 MDA 含量和抗氧化酶活性的影响

各胁迫处理下旗叶 SOD 活性在处理第 3 天诱导上升并超过对照，之后随着胁迫时间的延长，除单一的高温胁迫处理仍保持增加外，干旱、高温-干旱双重胁迫处理迅速下降，胁迫第 7 天（DAA21），各胁迫处理下旗叶 SOD 活性均明显低于对照，双重胁迫下降幅度最大，较对照低了 40.3%。胁迫解除复水后，单一的高温胁迫和单一的干旱胁迫下旗叶 SOD 活性之间的值非常接近，双重胁迫明显低于其他处理。CAT 活性与 SOD 活性变化规律基本一致。在干旱、高温-干旱双重胁迫下胁迫处理 7 天，CAT 和 SOD 活性较高温胁迫处理提前下降（图 4-10），说明 CAT 和 SOD 对高温更敏感。

三、旗叶及茎鞘糖分积累变化

蔗糖是植物体内碳水化合物运输的主要形式，磷酸蔗糖合酶（SPS）是调节蔗糖合成的关键酶，其活性的高低反映了旗叶光合产物转化为蔗糖的能力（Prat et al.，2024）。高温和干旱胁迫处理使小麦旗叶的 SPS 活性显著降低，在花后 14 天后出现小幅度的上升，随后下降较快，单一的水分亏缺胁迫下 SPS 活性先升高后降低，变化趋势与对照变化一致，但明显低于对照。高温胁迫初期小麦旗叶 SPS 活性就呈下降趋势，胁迫处理第 7 天（花后 21 天），旗叶 SPS 活性呈现为：对照＞干旱＞高温＞高温-干旱双重胁迫，与对照相比分别降低了 14.2%、32.4%、37.4%（图 4-11A）。这说明高温比干旱更不利于蔗糖的转化，高温-干旱双重胁迫对蔗糖转化的不利影响进一步加重。解除胁迫后，高温-干旱双重胁迫处理与对照旗叶 SPS 活性的差异进一步加大。

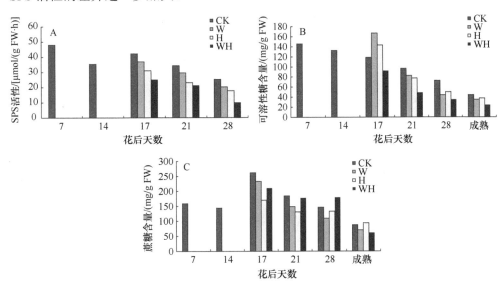

图 4-11　高温和土壤干旱对小麦旗叶 SPS 活性、可溶性糖和蔗糖含量的影响

在田间自然状态下，随着生育进程的推进，小麦旗叶中可溶性糖含量呈逐渐降低的趋势，不同的胁迫处理对旗叶可溶性糖含量有不同的影响。短期的高温胁迫、土壤干旱使旗叶中的可溶性糖含量较对照略有增加，胁迫处理第 3 天，旗叶中可溶

性糖含量依次为：土壤干旱＞高温＞对照＞高温-干旱双重胁迫，土壤干旱和高温胁迫下增幅分别为39.4%、19.3%，高温-干旱双重胁迫下旗叶可溶性糖含量显著低于其他胁迫处理。随着胁迫时间的延长，至胁迫处理第7天，旗叶可溶性糖含量均低于对照，双重胁迫下旗叶中可溶性糖含量显著低于对照，比对照低50.2%。解除胁迫后，各胁迫处理下旗叶可溶性糖含量持续下降（图4-11B）。

高温和干旱胁迫处理使旗叶的蔗糖含量较对照低，至胁迫处理第7天，各胁迫处理的旗叶蔗糖含量均低于对照，尤以高温胁迫处理的降幅最大，较对照下降了52.1%（图4-11C）。

综上所述，前期高温处理使旗叶SPS活性较对照显著下降，说明高温不利于糖的转运，导致旗叶可溶性糖含量高于对照；中期、后期高温使旗叶可溶性糖特别是蔗糖含量下降，说明高温增加旗叶对蔗糖等可溶性糖的消耗量。

茎鞘的可溶性糖含量呈单峰曲线变化，峰值出现在花后14天，之后随着生育进程的推进，茎鞘中可溶性糖含量呈逐渐降低的趋势。胁迫处理7天，茎鞘可溶性糖含量依次为对照＞高温胁迫＞土壤干旱胁迫＞高温-干旱双重胁迫，可溶性总糖含量较对照分别下降24.0%、38.2%、52.1%。解除胁迫后，各胁迫处理茎鞘中可溶性糖含量与对照的差异变小，到成熟收获时，茎鞘中可溶性糖含量依次为高温-干旱双重胁迫＞土壤干旱胁迫＞高温胁迫＞对照（图4-12A），说明高温和土壤干旱胁迫处理不利于茎鞘积累可溶性糖，并抑制了灌浆后期茎鞘中可溶性糖的转运，高温-干旱双重胁迫则加剧了以上不利影响。

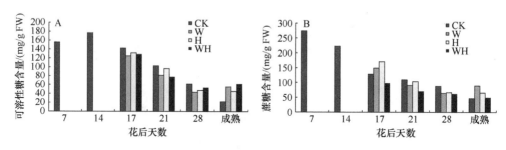

图4-12　高温和土壤干旱对小麦茎鞘中可溶性糖和蔗糖含量的影响

茎鞘的蔗糖含量呈逐渐降低趋势，短时间高温、土壤干旱胁迫使茎鞘的蔗糖含量较对照有所上升，且土壤干旱处理的上升幅度大于高温处理，高温-干旱双重胁迫处理则显著低于对照。随着时间延长，胁迫处理使茎鞘的蔗糖含量较对照低，且解除胁迫后，各胁迫处理茎鞘的蔗糖含量明显低于对照，到成熟收获时，各胁迫处理茎鞘的蔗糖含量反而高于对照（图4-12B），说明高温和土壤干旱胁迫处理抑制了茎鞘中蔗糖的转运。

四、籽粒糖分积累变化

在小麦籽粒中，蔗糖合酶（SS）的主要作用是催化蔗糖降解为果糖和尿苷二磷酸葡萄糖（UDPG），UDPG 则是合成淀粉的底物。因此，籽粒中 SS 活性反映了小麦籽粒降解蔗糖和合成淀粉的能力。随着生育进程的推进，籽粒中 SS 活性的变化呈单峰曲线，在花后 21 天达到最大，之后随着灌浆进程的推进而迅速下降。高温使得籽粒中 SS 活性提前达到峰值，之后随着时间延长，高温和高温-干旱双重胁迫处理的籽粒 SS 活性迅速下降；到胁迫处理第 7 天则低于对照，与对照相比，土壤干旱、高温和高温-干旱双重胁迫处理的籽粒 SS 活性分别下降了 17.4%、30.9%、41.4%。解除胁迫后，处理间的差异缩小，土壤干旱处理与对照的差异不明显，二者的籽粒 SS 活性高于高温胁迫（图 4-13A）。这说明短时高温处理可促进淀粉合成，但是随着时间延长，则影响光合生产、光合产物向籽粒的转运甚至促进叶片衰亡，导致籽粒灌浆进程提前结束，高温下土壤干旱则加剧了这些不利影响。

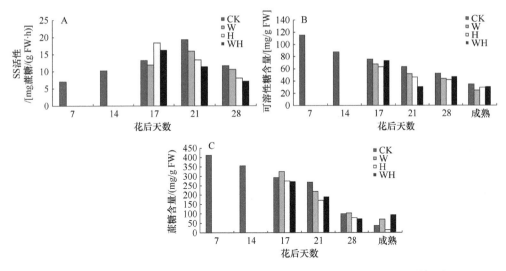

图 4-13　高温和土壤干旱对小麦籽粒 SS 活性、可溶性糖和蔗糖含量的影响

对照的籽粒中可溶性糖含量在整个灌浆期呈不断下降的趋势。胁迫处理第 3 天，各处理间差异不明显；胁迫处理第 7 天，各处理间差异逐渐明显，单一的高温和土壤干旱胁迫使籽粒中可溶性糖含量下降，但二者籽粒中可溶性糖含量的差异不大，高温-干旱双重胁迫处理与对照的籽粒中可溶性糖含量的差异较大。解除胁迫后，高温-干旱双重胁迫处理的籽粒可溶性糖含量有所恢复，到成熟时仍然高于单一的高温胁迫和土壤干旱胁迫处理（图 4-13B）。

对照的籽粒中蔗糖含量呈逐渐降低趋势。高温胁迫和土壤干旱胁迫使籽粒中蔗糖含量均低于对照，解除胁迫后籽粒中蔗糖含量较对照高，成熟时则显著高于对照；高温-干旱双重胁迫使得籽粒中蔗糖含量低于对照，成熟时显著高于对照和其他处理（图 4-13C）。

ADPG 焦磷酸化酶（AGPase）在小麦籽粒中催化腺苷三磷酸（ATP）和 1-磷酸葡萄糖（G-1-P）反应，生成淀粉合成的直接前体物腺苷二磷酸葡萄糖（ADPG），是淀粉生物合成的限速酶。随着生育进程的推进，在田间自然状态下生长，籽粒中 AGPase 活性变化呈单峰曲线，高峰出现在花后 21 天。短时间高温胁迫诱导 AGPase 活性上升，且其活性明显高于对照；随着胁迫时间的延长，高温胁迫处理的小麦籽粒中 AGPase 活性急剧下降；胁迫解除后，其活性虽有所恢复，但低于对照。短时间的土壤干旱胁迫亦诱导腺苷二磷酸葡萄糖焦磷酸化酶（AGPP）活性升高，但与对照的差异不明显；之后迅速下降并低于对照；胁迫解除后，AGPase 活性没有恢复，仅减缓衰减速度。高温-干旱双重胁迫下，籽粒 AGPase 活性变化与土壤干旱处理一致。花后 21 天，AGPase 活性表现为：对照＞高温＞土壤水分亏缺（干旱）＞高温-干旱双重胁迫，与对照相比降幅分别为 14.5%、23.1%、36.2%；胁迫解除后高温胁迫处理与对照的差异缩小，但依然低于对照；土壤干旱、高温-干旱双重胁迫与对照之间的差异进一步增大，降幅分别为 25%、39.9%（图 4-14A），表明籽粒 AGPase 对土壤干旱的反应更敏感。结合籽粒 SS 活

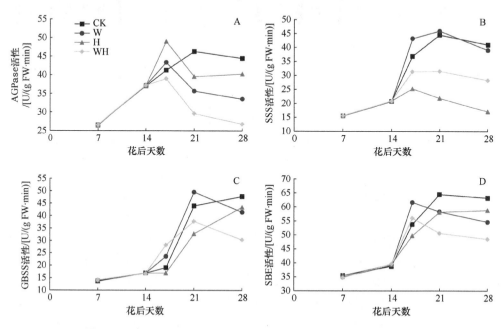

图 4-14　高温和土壤干旱对小麦籽粒淀粉合成相关酶活性的影响

性及蔗糖含量变化（图 4-13A，图 4-13C），说明在本试验条件下，短时间的高温胁迫加快了蔗糖向淀粉合成底物的转化，土壤干旱使得蔗糖向淀粉合成底物转化的能力降低，其对蔗糖向淀粉合成底物转化的影响大于高温胁迫，高温-干旱双重胁迫使得这一影响加剧。

可溶性淀粉合成酶(SSS)以游离态存在于小麦籽粒的胚乳细胞中，催化 ADPG 或 UDPG 与淀粉引物（葡聚糖）反应，将葡萄糖分子转移到淀粉引物上，使淀粉链延长。在籽粒灌浆过程中籽粒 SSS 活性呈单峰曲线，峰值出现在花后 21 天。土壤干旱诱导籽粒 SSS 活性上升，且略高于对照；随着胁迫时间的延长，SSS 活性逐渐降低，逐渐缩小与对照之间的差异；解除胁迫后，二者之间的差异不明显。高温胁迫诱导小麦籽粒 SSS 活性小幅上升，之后迅速下降；到花后 21 天，小麦籽粒中 SSS 活性大小表现为：土壤干旱＞对照＞高温-干旱双重胁迫＞高温胁迫，高温-干旱双重胁迫、高温处理低于对照，降幅分别为 24.5%、40.8%；二者与对照之间的差距，即使解除胁迫也进一步加大（图 4-14B）。短时间的高温胁迫使得籽粒中 SSS 活性显著低于对照，高温-干旱双重胁迫加剧此影响，说明灌浆期高温抑制籽粒的淀粉合成。

束缚态淀粉合成酶（GBSS）主要存在于造粉体中，催化腺苷二磷酸葡萄糖（ADPG）上的葡萄糖基转移到淀粉引物上，其活性必须在淀粉内部起作用，催化直链淀粉的合成。在籽粒灌浆过程中籽粒 GBSS 活性变化呈单峰曲线，峰值出现在花后 28 天（比 AGPase、SSS 和 SBE 达到峰值的时间晚）。高温处理使 GBSS 活性逐渐升高，到花后 21 天，与对照的差异达到最大化；解除胁迫后，GBSS 活性与对照的差距缩小；与其他酶相比，高温对 GBSS 活性的影响较小。土壤干旱诱导 GBSS 活性升高；解除胁迫后，其活性与对照的差异不大。高温-干旱双重胁迫诱导 GBSS 活性明显升高，随着胁迫时间的延长而降低；解除胁迫后，籽粒中 GBSS 活性进一步降低，与对照的差异拉大（图 4-14C），表明土壤干旱胁迫对 GBSS 活性无明显的不利影响，而高温-干旱双重胁迫对籽粒 GBSS 活性的影响较大。

淀粉分支酶（SBE）通过水解直链淀粉的 α-1,4-糖苷键，把切下的短链转移到 C6 氢氧键末端，形成 α-1,6-糖苷键，α-1,6-糖苷键连接形成支链淀粉的分支结构。籽粒中 SBE 活性变化呈单峰曲线，峰值出现在花后 21 天。高温处理后，SBE 活性变化的趋势虽与对照基本一致，但其活性低于对照；解除胁迫后，SBE 活性有所恢复，与对照的差异不明显。土壤干旱胁迫下，SBE 活性先升高后降低。高温-干旱双重胁迫下，籽粒 SBE 活性变化与土壤干旱处理的一致。

胁迫处理第 7 天，各胁迫处理籽粒中 SBE 活性均低于对照，与对照相比，高温、土壤干旱和高温-干旱双重胁迫处理的 SBE 活性分别降低了 8.9%、11.7%、21.5%。解除胁迫后，高温处理的 SBE 活性较花后 21 天有所上升，高温、土壤干旱和高温-干旱双重胁迫处理的 SBE 活性分别比对照低 7.5%、16.4%、24.8%（图 4-14D），表明胁迫结束后，土壤干旱和高温-干旱双重胁迫对 SBE 活性的影响不可恢复。

综上所述，小麦灌浆期高温和土壤干旱导致千粒重降低的直接原因是籽粒的淀粉积累量减少。一方面，高温抑制了旗叶中蔗糖的合成和茎鞘中蔗糖的转运，导致籽粒中蔗糖供应不足；另一方面，高温抑制了籽粒中淀粉合成限速酶——ADPG 焦磷酸化酶和可溶性淀粉合成酶的活性，直接影响籽粒中淀粉的合成。土壤干旱胁迫则使旗叶抗氧化保护能力下降，叶片加快衰老，光合速率降低，并抑制了旗叶和茎鞘中蔗糖的转运，导致籽粒中淀粉合成底物供应不足，而影响淀粉的合成。在本试验条件下，土壤干旱的影响往往大于高温。高温-干旱双重胁迫一是因细胞膜过氧化，造成 PSII 类囊体膜结构损伤，影响光合功能；二是抑制旗叶中蔗糖的合成和茎鞘中蔗糖的转运，导致籽粒中蔗糖供应不足；三是抑制了籽粒中蔗糖合酶（SS）、ADPG 焦磷酸化酶、可溶性淀粉合成酶（SSS）、束缚态淀粉合成酶（GBSS）和淀粉分支酶（SBE）等淀粉合成相关酶的活性。鉴于高温-干旱双重胁迫处理成熟籽粒中可溶性糖和蔗糖含量显著高于对照和其他胁迫处理，高温-干旱双重胁迫处理成熟籽粒中淀粉积累量减少主要是由于库活性受到了抑制，而非蔗糖供应不足。

参 考 文 献

成林, 张志红, 常军. 2011. 近 47 年来河南省冬小麦干热风灾害的变化分析. 中国农业气象, 32(3): 456-460.

邓振镛, 张强, 倾继祖, 等. 2009. 气候暖干化对中国北方干热风的影响. 冰川冻土, 31(4): 664-671.

邓振镛, 王强, 张强, 等. 2010. 中国北方气候暖干化对粮食作物的影响及应对措施. 生态学报, 30(22): 6278-6288.

关义新, 戴俊英, 林艳. 1995. 水分胁迫下植物叶片光合的气孔和非气孔限制. 植物生理学通讯, 31(4): 293-297.

马东辉, 赵长星, 王月福, 等. 2008. 施氮量和花后土壤含水小麦旗叶光合特性和产量的影响. 生态学报, 28(10): 4896-4901.

许大全. 1997. 光合作用气孔限制分析中的一些问题. 植物生理学通讯, 33(4): 241-244.

杨天垚, 邱建秀, 肖国安. 2023. 华北农业干旱监测与冬小麦估产研究. 生态学报, 43(5): 1936-1947.

赵俊芳, 赵艳霞, 郭建平, 等. 2012. 过去 50 年黄淮海地区冬小麦干热风发生的时空演变规律. 中国农业科学, 45(14): 2815-2825.

Broberg M C, Hayes F, Harmens H, et al. 2023. Effects of ozone, drought and heat stress on wheat yield and grain quality. Agriculture, Ecosystems & Environment, 352: 108505.

FarquharG D, SharkeyT D. 1982. Stomatal conductance and photosynthesis. Annual Review of Plant Physiology, 33: 317-345.

Prat L, Robinson J, Muñoz C, et al. 2024. Assessing the effect of artificial shading and saccharose sprays on the yield and fruit quality of cranberry (Vaccinium macrocarpon Aiton). The Journal of Horticultural Science and Biotechnology, 99(5): 609-618.

第五章 阶段性气象胁迫对玉米的影响机理

第一节 拔节期干旱对玉米的影响

一、拔节期干旱对产量的影响

以玉米品种浚单 20 和中单 5485 为材料，设置盆栽试验，于第 6 叶展开时开始水分胁迫处理，共处理 10 天。不同干旱处理：①土壤含水量为田间持水量的 70%～80%；②土壤含水量为田间持水量的 55%～65%；③土壤含水量为田间持水量的 40%～50%。利用称重法控制盆栽土壤含水量，搭建防雨棚（棚顶用透明塑料膜）以免降雨的影响。

拔节期干旱使单株产量、穗粒数和百粒重呈下降的趋势，其中，干旱胁迫使浚单 20 的单株产量和百粒重明显低于对照，土壤相对含水量 40%～50%处理的穗粒数亦显著低于对照；干旱胁迫处理与对照相比，中单 5485 的单株产量和穗粒数并没有显著差异，而百粒重显著低于对照（表 5-1）。

表 5-1　拔节期干旱对玉米产量及其构成因素的影响

品种	处理 （土壤相对含水量）	穗粒数	百粒重/g	单株产量/g
浚单 20	70%～80%（CK）	559.8a	32.8a	158.6a
	55%～65%（XI1）	542.0a	27.2b	139.3b
	40%～50%（XI2）	433.0b	26.1b	121.0b
中单 5485	70%～80%（CK）	497.8a	30.8a	114.7a
	55%～65%（ZI1）	448.5a	26.1b	111.9a
	40%～50%（ZI2）	417.2a	25.0b	107.4a

拔节期干旱使株高、茎粗、穗长、穗粗、穗行数和行粒数呈下降的趋势，其中，株高、茎粗均明显低于对照，土壤相对含水量 40%～50%处理的穗长、穗粗、穗行数和行粒数也与对照有显著差异（表 5-2）。

表 5-2　拔节期干旱对玉米植株和穗部性状的影响

品种	处理 （土壤相对含水量）	株高 /cm	茎粗 /cm	穗长 /cm	穗粗 /cm	穗行数	行粒数
浚单 20	70%～80%（CK）	151.9a	2.27a	15.7a	4.72a	15.3a	38.9a
	55%～65%（XI1）	138.2b	1.66b	15.6a	4.70a	14.5ab	35.6a
	40%～50%（XI2）	126.3c	1.52c	14.4b	4.54b	13.2b	32.7b

续表

品种	处理 （土壤相对含水量）	株高 /cm	茎粗 /cm	穗长 /cm	穗粗 /cm	穗行数	行粒数
中单 5485	70%~80%（CK）	168.8a	1.87a	16.5a	4.62a	17.0a	33.0a
	55%~65%（ZI1）	143.7b	1.59b	16.4a	4.29b	16.6a	29.4a
	40%~50%（ZI2）	141.7b	1.48b	15.1b	4.10b	14.5b	24.6b

二、拔节期干旱对光合作用的影响

拔节期干旱使单株叶面积和最新展开叶的净光合速率明显降低，此外，干旱使浚单 20 的单株干物重显著降低，且不同干旱胁迫处理间的差异也达到显著水平；与对照和其他干旱处理相比，浚单 20 在土壤相对含水量 40%~50%的条件下，叶绿素相对含量（SPAD）和叶绿素荧光参数 F_v/F_m 显著降低（表 5-3）。

表 5-3　拔节期干旱对玉米的单株叶面积、光合性能和干物质积累的影响

品种	处理 （土壤相对含水量）	单株叶面积 /cm^2	净光合速率 / [μmol CO$_2$/(m^2·s)]	SPAD	F_v/F_m	单株干物重 /g
浚单 20	70%~80%（CK）	527.9a	28.5a	1.92a	0.79a	141.4a
	55%~65%（XI1）	428.8b	23.2b	1.84a	0.71a	117.6b
	40%~50%（XI2）	411.2b	22.1b	1.32b	0.63b	95.6c
中单 5485	70%~80%（CK）	832.9a	24.6a	1.50a	0.73a	145.1a
	55%~65%（ZI1）	744.4b	20.3b	1.45a	0.74a	139.0a
	40%~50%（ZI2）	740.6b	19.7b	1.40a	0.67a	135.5a

可见，拔节期干旱对玉米的形态建成、光合面积的增长、光合生产与干物质积累以及产量的形成都产生不利的影响，且不同品种因抗旱能力的差异所受的影响有明显不同，如中单 5485 比浚单 20 受干旱胁迫的影响小。

第二节　大喇叭口期干旱对玉米的影响

一、大喇叭口期干旱对产量的影响

以玉米品种浚单 20 和中单 5485 为材料，设置盆栽试验，于第 12 叶展开时开始水分胁迫处理，共处理 7 天。设如下处理：①土壤含水量为田间持水量的 70%~80%；②土壤含水量为田间持水量的 55%~65%；③土壤含水量为田间持水量的 40%~50%。利用称重法控制盆栽土壤含水量，搭建防雨棚（棚顶用透明塑料膜）以免降雨的影响。

大喇叭口期干旱使单株产量、穗粒数和百粒重呈下降的趋势，尤其是对穗粒数的影响较为明显，在土壤相对含水量 40%～50% 的条件下，两个品种的穗粒数显著低于对照（表 5-4）。

表 5-4　大喇叭口期干旱对玉米产量及其构成因素的影响

品种	处理（土壤相对含水量）	穗粒数	百粒重/g	单株产量/g
浚单 20	70%～80%（CK）	599.0a	28.5a	134.5a
	55%～65%（XI1）	542.0ab	26.6a	124.5a
	40%～50%（XI2）	517.0b	26.2a	122.6a
中单 5485	70%～80%（CK）	470.4a	29.8a	116.0a
	55%～65%（ZI1）	428.0b	28.2a	102.5a
	40%～50%（ZI2）	415.3b	27.1a	98.9b

与对照相比，大喇叭口期干旱对株高、茎粗、穗粗和穗行数的影响未达到显著水平，但穗长和行粒数在土壤相对含水量 40%～50% 条件下都明显低于对照（表 5-5）。

表 5-5　大喇叭口期干旱对玉米植株和穗部性状的影响

品种	处理（土壤相对含水量）	株高/cm	茎粗/cm	穗长/cm	穗粗/cm	穗行数	行粒数
浚单 20	70%～80%（CK）	196.1a	2.27a	18.6a	4.79a	15.5a	35.9a
	55%～65%（XI1）	186.8a	2.20a	15.5b	4.76a	16.5a	36.3a
	40%～50%（XI2）	178.9a	2.15a	14.6b	4.59a	15.8a	32.1b
中单 5485	70%～80%（CK）	210.6a	1.97a	18.5a	4.65a	17.9a	29.8a
	55%～65%（ZI1）	200.4a	1.85a	15.1b	4.63a	17.7a	24.9b
	40%～50%（ZI2）	194.0a	1.83a	13.0b	4.58a	15.8a	24.8b

二、大喇叭口期干旱对干物质积累的影响

大喇叭口期干旱使单株干物重显著降低，浚单 20 的单株叶面积和中单 5485 穗位叶的叶绿素相对含量（SPAD）显著降低；在土壤相对含水量 40%～50% 的条件下，两个品种的穗位叶净光合速率显著降低（表 5-6）。

表 5-6　大喇叭口期干旱对玉米的单株叶面积、光合性能和干物质积累的影响

品种	处理（土壤相对含水量）	单株叶面积/cm²	净光合速率/［μmol CO_2/(m²·s)］	SPAD	F_v/F_m	单株干物重/g
浚单 20	70%～80%（CK）	832.9a	25.5a	1.39a	0.77a	148.3a
	55%～65%（XI1）	784.4b	24.4 a	1.24a	0.76a	132.3b
	40%～50%（XI2）	740.6b	21.7b	1.19a	0.71a	124.5b

续表

品种	处理 （土壤相对含水量）	单株叶面积 /cm²	净光合速率 / [μmol CO₂/(m²·s)]	SPAD	F_v/F_m	单株干物重 /g
	70%~80%（CK）	613.8a	24.6a	1.96a	0.78a	177.9a
中单 5485	55%~65%（ZI1）	599.9a	24.3a	1.50b	0.77a	145.0b
	40%~50%（ZI2）	556.7a	19.7b	1.46b	0.75a	135.3b

可见，大喇叭口期干旱主要影响玉米的果穗性状（如穗长、行粒数和穗粒数），以及光合生产与干物质积累。

第三节　灌浆期干旱对玉米的影响

以玉米品种浚单 20 和京单 68 为材料，设置盆栽试验，设如下土壤含水量处理：①土壤含水量为田间持水量的 70%~80%（CK）；②土壤含水量为田间持水量的 50%~60%（WS1）；③土壤含水量为田间持水量的 30%~40%（WS2）。于开花后 26 天开始水分胁迫处理，其中，重度水分胁迫（土壤含水量为田间持水量的 30%~40%）处理持续 3 天，然后恢复正常浇水，土壤含水量与 CK 一致；中度水分胁迫（土壤含水量为田间持水量的 50%~60%）处理持续 6 天，然后恢复正常浇水，土壤含水量与 CK 一致；利用称重法控制盆栽土壤含水量。

一、灌浆期干旱对产量构成的影响

灌浆期干旱对玉米的果穗性状（如穗长、穗粗、秃尖长度、穗行数、行粒数）没有明显的影响，但与对照相比，千粒重和穗粒重有所降低，因此导致产量下降。其中，各水分胁迫处理使浚单 20 的千粒重、穗粒重和产量显著低于对照，且其降幅随着水分胁迫的加重而显著加大；京单 68 的千粒重、穗粒重和产量随着水分胁迫程度的加重呈下降趋势，仅重度水分胁迫处理下，其千粒重、穗粒重和产量与对照的差异达到显著水平（表 5-7）。

表 5-7　灌浆期干旱对玉米的果穗性状和产量的影响

品种	处理	穗长 /cm	穗粗 /cm	秃尖长度 /cm	穗行数	行粒数	穗粒重 /g	千粒重 /g	产量 /（kg/亩）
	CK	17.3a	4.71a	1.13a	14.0a	35.0a	159.2b	373.3b	700.3b
京单 68	WS1	16.8a	4.51a	1.70a	13.2a	32.8a	147.4ab	365.5b	648.6b
	WS2	16.1a	4.20a	2.17a	13.7a	31.0a	110.3a	243.8a	485.3a
	CK	16.5a	4.90a	0.14a	15.7a	38.6a	190.9c	346.8c	839.7c
浚单 20	WS1	16.4a	4.76a	0.57a	16.0a	38.1a	160.0b	296.6b	704.0b
	WS2	15.3a	4.39a	0.57a	16.3a	36.6a	107.1a	211.1a	471.4a

重度水分胁迫处理下，京单 68 和浚单 20 的千粒重与对照相比分别降低了 34.7%和 39.1%；中度水分胁迫处理下，京单 68 千粒重和产量与对照无显著差异，而浚单 20 千粒重和产量显著低于对照，分别下降了 14.5%和 16.2%，说明浚单 20 比京单 68 对灌浆期干旱的反应更加敏感。

二、灌浆期干旱对光合速率的影响

灌浆期干旱使京单 68 和浚单 20 的穗位叶净光合速率显著降低。水分供应恢复正常后，京单 68 的穗位叶净光合速率有所恢复，其中，中度水分胁迫处理的净光合速率恢复至接近于对照；而浚单 20 中度水分胁迫和重度水分胁迫处理的穗位叶净光合速率均显著低于对照，且重度水分胁迫处理的穗位叶净光合速率仍不断降低（图 5-1），说明浚单 20 对于水分胁迫的敏感性更高一些。

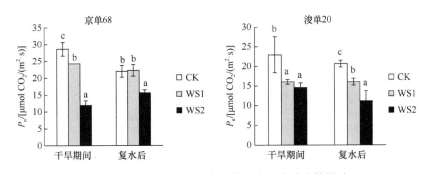

图 5-1　灌浆期干旱对玉米穗位叶净光合速率的影响

三、灌浆期干旱对叶片光合的影响机理

灌浆期干旱使玉米穗位叶的叶绿素相对含量（SPAD）降低，其中，京单 68 在中度水分胁迫与重度水分胁迫处理下，穗位叶的叶绿素相对含量（SPAD）差异不显著，但二者均显著低于对照；浚单 20 在重度水分胁迫处理下穗位叶 SPAD 值显著低于对照，而在中度水分胁迫处理下穗位叶 SPAD 值与对照差异不显著。水分供应恢复正常后，京单 68 中度水分胁迫和重度水分胁迫处理的穗位叶 SPAD 值均有所增加；浚单 20 则有所降低，且均显著低于对照（图 5-2）。

灌浆期干旱使玉米穗位叶的 F_v/F_m 降低。在重度水分胁迫处理下，两个品种的穗位叶 F_v/F_m 显著低于对照；在中度水分胁迫处理下，仅浚单 20 的穗位叶 F_v/F_m 显著低于对照。水分供应恢复正常后，经过中度水分胁迫处理的穗位叶 F_v/F_m 回升至接近于对照，京单 68 中度水分胁迫处理的 F_v/F_m 值升高至接近于对照；经过重度水分胁迫处理的浚单 20 穗位叶 F_v/F_m 值也有所回升，而京单 68 穗位叶 F_v/F_m 则继续降低（图 5-3）。

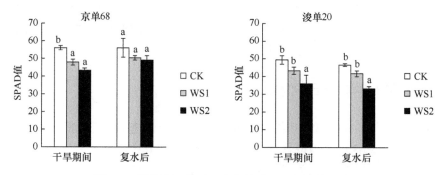

图 5-2　灌浆期干旱对玉米穗位叶 SPAD 值的影响

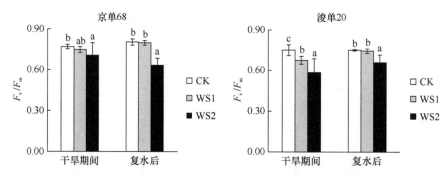

图 5-3　灌浆期干旱对玉米穗位叶 F_v/F_m 的影响

　　总体来看，同一时间同一水分梯度相比，京单 68 的穗位叶净光合速率、SPAD 值和 F_v/F_m 均高于浚单 20；在中度水分胁迫处理下，浚单 20 的穗位叶净光合速率、SPAD 值和 F_v/F_m 显著低于对照，而京单 68 的穗位叶净光合速率和 F_v/F_m 则与对照无显著性差异；恢复正常水分供应后，浚单 20 经过重度水分胁迫处理的穗位叶净光合速率仍不断降低，SPAD 值和 F_v/F_m 仍显著低于对照，说明水分胁迫对浚单 20 光合性能的抑制作用更明显。

四、灌浆期干旱对糖分代谢的影响机理

　　灌浆期重度水分胁迫处理使京单 68 和浚单 20 穗位叶可溶性糖和淀粉含量在花后 36 天时显著降低，而中度水分胁迫处理对穗下节间可溶性糖和淀粉含量没有显著的影响；重度水分胁迫处理下对穗下节间可溶性糖含量的影响尚不显著，但随着时间的延长，京单 68 穗下节间的淀粉含量略高于对照（表 5-8），说明水分胁迫加重影响光合产物转运，使淀粉在节间积累。

表 5-8　灌浆期干旱对玉米穗位叶和穗下节间非结构性糖含量的影响

测定器官	品种	处理编号	可溶性糖含量 / (mg/kg FW)		淀粉含量 / (mg/kg FW)	
			29DAP	36DAP	29DAP	36DAP
穗位叶	京单 68	CK	1.641a	1.553b	0.127b	0.121c
		WS1	1.602a	1.425b	0.119a	0.091b
		WS2	1.692a	1.087a	0.121a	0.070a
	浚单 20	CK	1.533b	2.044c	0.112b	0.114c
		WS1	1.312a	1.523b	0.105a	0.096b
		WS2	1.207a	1.035a	0.093a	0.061a
穗下节间	京单 68	CK	2.620a	2.805a	0.244a	0.187ab
		WS1	2.821a	2.645a	0.251a	0.167a
		WS2	2.732a	2.871a	0.235a	0.206b
	浚单 20	CK	2.108a	2.397a	0.163a	0.125b
		WS1	2.160a	2.271a	0.166a	0.135b
		WS2	2.058a	2.364a	0.178a	0.103a

注：29DAP. 29 天；36DAP. 36 天

灌浆期干旱使玉米籽粒中蔗糖合酶（SS）活性显著降低（图 5-4）。解除胁迫后，中度水分胁迫处理的 SS 活性下降的速度减缓，重度水分胁迫处理的 SS 活性均回升，京单 68 甚至接近于对照水平。随着灌浆进程，玉米籽粒中 ADPG 焦磷酸化酶（AGPase）活性先上升后下降，呈单峰曲线，变化较平缓。灌浆期干旱诱导玉米籽粒中 AGPase 活性增强，特别是重度水分胁迫处理使 AGPase 活性激增，提早达到活性高峰，然后 AGPase 活性大幅度降低，并显著低于对照。京单 68 籽粒中 AGPase 活性对水分胁迫的响应要比浚单 20 灵敏（图 5-4）。

随着灌浆进程，玉米籽粒中可溶性淀粉合成酶（SSS）活性逐渐下降。京单 68 籽粒中 SSS 活性对水分胁迫的响应要比浚单 20 灵敏，中度水分胁迫处理在花后 29～36 天，SSS 活性与对照的差异不显著；但重度水分胁迫处理的籽粒中 SSS 活性迅速下降，到花后 29 天表现出显著低于中度水分胁迫处理和对照；浚单 20 籽粒中 SSS 活性在不同水分胁迫处理之间及其与对照之间的差异不显著。随着灌浆进程，玉米籽粒中束缚态淀粉合成酶（GBSS）活性先上升后下降，呈单峰曲线。灌浆期干旱诱导玉米籽粒中 GBSS 活性增强，浚单 20 籽粒中 GBSS 活性对水分胁迫的响应要比京单 68 灵敏，中度水分胁迫处理即可诱导玉米籽粒中 GBSS 活性增强，而京单 68 只在重度水分胁迫处理的条件下诱导玉米籽粒中 GBSS 活性增强（图 5-4）。

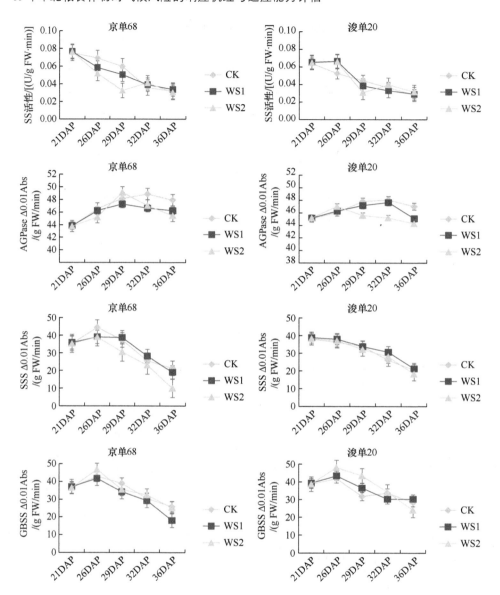

图 5-4　灌浆期干旱对玉米籽粒中淀粉合成相关酶活性的影响

Δ0.01Abs 表示单位时间内单位质量吸光度（absorbance）变化值，用于反映酶促反应速率。这通常与实验中检测吸光度的波长范围有关，也就是表示以每分钟每克新鲜重样品导致的吸光度变化（Δ0.01Abs）作为指标，用于衡量在不同处理条件下酶的反应速率

综合来看，灌浆期水分胁迫使夏玉米千粒重以及产量显著下降，其原因可能为水分胁迫对光系统 PS Ⅱ 产生伤害，光合生产能力下降；穗位叶非结构性碳水化合物含量显著降低，而穗下节间积累非结构性碳水化合物，籽粒中淀粉合成限速

酶 SS 活性降低，即库活性下降，淀粉合成受到抑制，导致粒重下降和减产。灌浆期水分胁迫对产量的影响程度依次为：光合性能＞茎秆流＞库活性。

第四节　夏玉米低温影响籽粒灌浆的机制

以玉米品种郑单 958 为试验材料，进行盆栽试验，设置不同播种期试验：S1 为 2013 年 7 月 5 日播种，S2 为 7 月 15 日播种，S3 为 7 月 25 日播种。授粉期分别在 2013 年 8 月 29 日、9 月 5 日和 9 月 16 日。2013 年 10 月 18 日开始夜间低温处理，各播种期的籽粒发育分别处于授粉后 50 天（S1）、43 天（S2）和 32 天（S3）。将待处理玉米在傍晚 5:00 至次日清晨 9:00 置于室外（夜晚平均温度 6～9℃），白天转至温室中，连续处理 5 天；对照则一直置于温室内培养（日均温 20～29℃）。与 S1、S2、S3 相应的对照分别标记为 CK1、CK2、CK3。

一、玉米授粉后低温对籽粒产量的影响

夜晚低温处理授粉后 50 天、43 天和 32 天的玉米植株，5 天百粒重分别增加了 4.29g、0.67g 和 3.42g，百粒重日增 0.86g、0.13g 和 0.68g；其对照的百粒重则分别增加了 4.11g、2.03g 和 5.36g，百粒重日增 0.82g、0.40g 和 1.07g。与对照相比，授粉后 50 天玉米的百粒重差异不显著，授粉后 43 天和 32 天玉米的百粒重则分别降低了 5.6% 和 4.7%（表 5-9）。可见，低温对不同发育阶段玉米籽粒灌浆有显著的影响。

表 5-9　低温对不同发育阶段玉米籽粒灌浆的影响（百粒重：g）

处理	CK1	S1	CK2	S2	CK3	S3
处理前	25.42	25.42	20.28	20.28	10.77	10.77
处理结束	29.53	29.71	22.31	20.95	16.13	14.19
成熟	29.53	29.71	24.15	21.76	20.59	20.27

二、玉米授粉后低温对叶片光合速率的影响

授粉后 50 天的玉米经过夜间低温处理 2 天，穗位叶净光合速率与对照没有显著的差异；授粉后 43 天玉米的穗位叶净光合速率比对照显著提高，授粉后 32 天玉米的穗位叶净光合速率比对照显著下降。夜间低温处理 5 天后，三个发育阶段

的玉米穗位叶净光合速率均比相应的对照显著降低，特别是授粉后 43 天和 32 天的玉米穗位叶净光合速率分别较对照下降 13.5%和 14.3%（图 5-5）。

授粉后 43 天的玉米经过夜间低温处理 2 天，穗位叶 F_v/F_m 比对照有所增加，但差异不显著；与对照相比，授粉后 50 天和 32 天玉米穗位叶 F_v/F_m 均降低，但差异不显著。夜间低温处理 5 天后，三个发育阶段的玉米穗位叶 F_v/F_m 均低于相应的对照，差异不明显（图 5-6）。

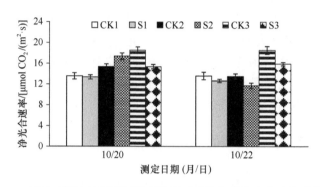

图 5-5　低温对籽粒处于不同发育阶段玉米穗位叶净光合速率的影响

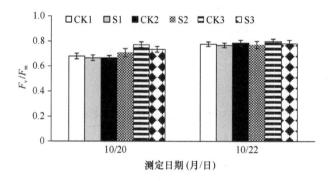

图 5-6　低温对籽粒处于不同发育阶段玉米穗位叶 F_v/F_m 的影响

三、玉米授粉后低温对糖分代谢的影响机理

与对照相比，夜间低温处理 2 天后，玉米穗位叶和茎秆中可溶性糖含量基本呈增加的趋势（表 5-10），穗位叶中淀粉含量没有明显的差异，茎秆中淀粉含量呈增加的趋势但差异不显著；授粉后 43 天和 32 天玉米经过夜间低温处理 4 天，穗位叶和茎秆中可溶性糖含量显著增加，穗位叶中淀粉含量呈下降的趋势，茎秆中淀粉含量没有明显的差异，说明低温抑制光合产物在叶片内的转化和转运。

表 5-10　低温对不同发育阶段玉米穗位叶和茎秆中淀粉和可溶性糖含量的影响

测定器官	处理编号	可溶性糖含量 /（mg/kg FW）		淀粉含量 /（mg/kg FW）	
		10 月 20 日	10 月 22 日	10 月 20 日	10 月 22 日
穗位叶	CK1	1.661a	1.553c	0.115	0.083
	S1	1.690a	1.098d	0.110	0.077
	CK2	1.322b	1.442c	0.085	0.102
	S2	1.359b	2.591a	0.104	0.061
	CK3	1.133b	1.421c	0.108	0.099
	S3	1.156b	2.081b	0.105	0.086
茎秆	CK1	1.568b	2.283abc	0.203ab	0.199a
	S1	1.398b	1.428c	0.250a	0.078b
	CK2	1.429b	1.660bc	0.072c	0.066b
	S2	2.748a	2.783a	0.172abc	0.063b
	CK3	2.245a	1.640bc	0.110bc	0.068b
	S3	2.748a	2.523ab	0.152abc	0.111b

与对照相比，夜间低温处理 2 天后，玉米穗位叶维管束鞘细胞和伴胞的胞间连丝缩短变粗，数量减少。随着低温持续时间的延长，胞间连丝的形态变化更加明显，且在低温处理 4 天后胞间连丝中有明显的嗜锇颗粒（图 5-7）。

与对照相比，授粉后 50 天和 43 天玉米经过夜间低温处理 2 天，籽粒中蔗糖合酶（SS）活性均降低，授粉后 32 天玉米籽粒中 SS 活性则有所提高，但差异均不显著（图 5-8）。夜间低温处理 4 天，授粉后 50 天和 43 天玉米籽粒中 SS 活性

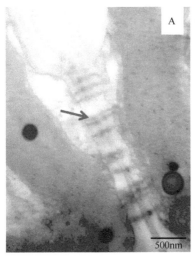
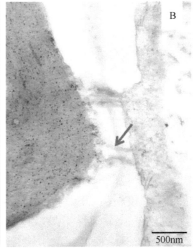

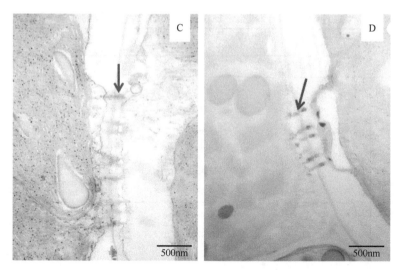

图 5-7 低温影响授粉后 43 天玉米穗位叶维管束鞘细胞和伴胞的胞间连丝

A、C 分别示相应对照的穗位叶胞间连丝，图中红色箭头示胞间连丝；B、D 分别示夜晚低温处理 2 天和 4 天的穗位叶胞间连丝

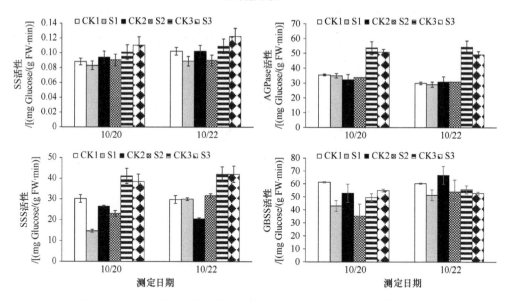

图 5-8 低温对不同发育阶段玉米籽粒中淀粉合成相关酶活性的影响

分别比相应的对照低 12.75% 和 11.76%，授粉后 32 天玉米籽粒中 SS 活性则比对照高 11.93%。

与对照相比，授粉后 50 天和 32 天玉米经过夜间低温处理 2 天，籽粒中 ADPG 焦磷酸化酶（AGPase）活性下降，授粉后 43 天玉米则增强，但与相应对照的差异均不显著。夜间低温处理 4 天，三个发育阶段的籽粒中 AGPase 活性均低于相应的对照，授粉后 32 天玉米籽粒中 AGPase 活性降幅最大，为 9.67%。

夜间低温处理 2 天，三个发育阶段的籽粒中可溶性淀粉合成酶（SSS）活性均低于相应的对照。夜间低温处理 4 天，三个发育阶段的籽粒中 SSS 活性均回升，其中，授粉后 50 天和 32 天玉米籽粒中 SSS 活性与相应对照的差异不显著，授粉后 43 天玉米籽粒中 SSS 活性显著高于其对照。

与对照相比，授粉后 50 天和 43 天玉米经过夜间低温处理 2 天，籽粒中束缚态淀粉合成酶（GBSS）活性下降，授粉后 32 天玉米则增强，差异均达到显著水平。夜间低温处理 4 天，三个发育阶段的籽粒中 GBSS 活性均下降，但与相应对照的差异缩小，仅授粉后 43 天玉米籽粒中 GBSS 活性显著低于其对照。

综上所述，低温影响夏玉米籽粒灌浆和粒重增长，但籽粒处于不同灌浆阶段的玉米对低温有不同的响应。低温使授粉后 43 天和 32 天玉米的百粒重和百粒重日增量明显降低，尤以授粉后 43 天玉米为甚。低温使玉米的穗位叶光合性能下降，抑制叶片中蔗糖输出和淀粉合成，导致籽粒中 SS 和 AGPase 活性降低，减少淀粉合成底物的供应。授粉后 43 天玉米的穗位叶 PS II（光系统 II）及籽粒中 SS 对低温的响应最为敏感。此外，低温对夏玉米籽粒灌浆和粒重增长的影响具有可逆性，如低温处理后，玉米籽粒可继续灌浆（马国胜等，2007）。

第五节　夏玉米后期低温影响籽粒灌浆的机制

夏玉米吐丝后 40 天设 8～10℃处理 1、2、3 夜晚及常温（对照）等处理，研究低温影响籽粒灌浆的机制。低温处理 1 夜晚（T1），穗位叶的原初光能转换效率（F_v'/F_m'）显著降低；处理 2 夜晚（T2），穗位叶的原初光能转化率回升，与对照的差异不显著；处理 3 夜晚（T3），穗位叶的原初光能转化率又有所下降。低温处理 1、2、3 夜晚这 3 个处理穗位叶的净光合速率显著低于对照，但与处理 1 夜晚相比，处理 2 夜晚穗位叶的净光合速率有所回升，处理 3 夜晚穗位叶的净光合速率又下降（表 5-11）。上述结果反映了玉米对气候变化的适应性及其对环境适应性的有限性。

表 5-11　不同温度处理的玉米叶片光合与荧光特性

处理	净光合速率 / [μmol CO₂/(m²·s)]	荧光特性	
		F_m	F_v/F_m
T1	19.086bc	1.219a	0.724bc
T2	20.962b	1.222a	0.760a
T3	20.342b	1.126ab	0.710c
CK	24.983a	1.096ab	0.753a

夜间低温处理后于凌晨取穗位叶中部横切叶片，用 I2-KI 染色液染色，利用激光共聚焦显微镜观察淀粉积累，常温（对照）仅叶脉处有淀粉积累，低温处理 1 夜晚除叶脉外，叶肉细胞等处有淀粉积累；低温处理 3 夜晚，整个叶片横切面均有淀粉积累（图 5-9），说明夜间低温确实抑制了叶片中淀粉的降解和运出。

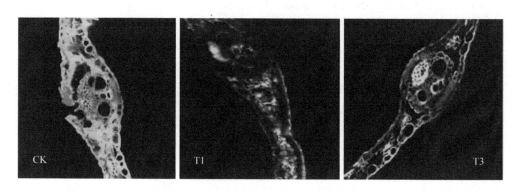

图 5-9 低温处理后叶片中淀粉含量差异

一、阴雨寡照危害夏玉米产量变化特征

华北地区夏玉米生长季时逢雨季，阴雨天多，光照不足是影响夏玉米产量的主要原因之一（董红芬等，2012；赵峰和千怀遂，2004）。未来全球变暖和气候变化背景下，华北地区天空云量、阴雨天气可能增多，阴雨寡照对夏玉米的影响可能趋于严重（谢立勇等，2009；郑新奇等，2005）。

华北地区夏玉米灌浆期（8～9 月）多阴雨天气，阴雨天气对玉米生产的不利影响包括两个方面：一是光照不足，二是降水过多还会引起渍涝胁迫（陈先敏等，2023；李绍长等，2003）。通过涡度相关通量观测，我们获得了光照-群体碳同化生产力关系和有涝害发生时的光照-群体碳同化生产力关系。通过全生育期遮阴试验和灌浆期涝害试验，我们获得籽粒产量与遮光率数量关系、籽粒产量-灌浆期淹水天数数量关系。通过遮阴试验我们获得太阳辐射减少率（遮阴率）与夏玉米产量之间的数量关系为：太阳辐射减少 10%，减产约 20%；太阳辐射减少 20%，减产约 40%；太阳辐射减少 40%，减产约 60%（图 5-10）。在遮阴 80%范围内，夏玉米主要功能叶片（穗位叶）光合能力（最大光合速率）没有显著减少；但是光照不足造成生长发育延迟，影响后期灌浆，光合产物向穗分配不足；最终对夏玉米产量的影响表现为"双降"特征：干物质产量降低（光照不足，光合受限）和收获指数降低（生育延迟，灌浆不足）。

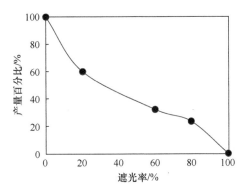

图 5-10　夏玉米全生育期遮光率与产量百分比关系

二、渍涝危害夏玉米产量变化特征

华北地区 50%降水发生在 7 月、8 月，经过 7 月的降雨，农田含水量一般处于较高水平；8 月农田易发生渍涝淹水，此时正是夏玉米产量形成的最重要时期——开花灌浆期（Jing et al.，2023；王琪等，2009）。一般认为，玉米苗期耐旱不耐涝，而在拔节后耐涝能力会明显增强，因此对拔节后涝害研究重视程度不够（于滔等，2023；刘战东等，2010）。我们从华北地区夏玉米生产中农田渍涝现实状况出发，重点研究灌浆期（8 月）夏玉米渍涝灾害的影响。通过桶栽淹水试验，我们获得夏玉米灌浆期淹水天数与产量之间的数量关系：淹水 3 天即可减产 20%左右；淹水 6 天减产接近 40%；淹水 9 天减产约 50%（图 5-11）。

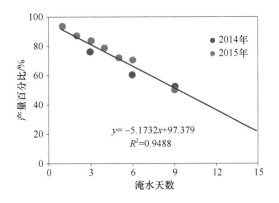

图 5-11　夏玉米灌浆期淹水天数与产量百分比关系

三、极端降水危害夏玉米产量变化特征

未来气候变化背景下，华北地区夏季极端降水发生的概率和强度都有可能增

加（Zinta，2012）。根据连续 11 年（2003～2013 年）涡度相关通量观测数据，夏玉米生长季内（6～9 月），日降水量＞58mm 可以认为是极端降水日（概率＜5%），该标准与暴雨标准相当（图 5-12）。根据连续 11 年（2003～2013 年）涡度相关通量观测数据，选择灌浆期内（该时段是夏玉米产量形成主要阶段且生物性状稳定）极端降水发生前后时段，对比生态系统光能利用效率（光合生产力/光合有效辐射，LUE）变化发现：1 次极端降水且发生渍涝后，夏玉米农田生态系统光能利用效率可降低约 7 个百分点，并且在渍涝自然消除后也不能恢复（图 5-13）。

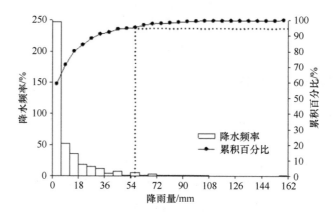

图 5-12　2003～2013 年夏玉米生长季内日降水频率分布（山东禹城）

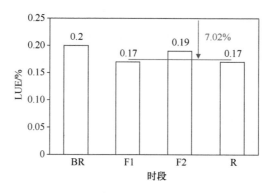

图 5-13　极端降水前后光能利用效率变化

BR. 降水前；F1、F2. 降水后农田处于渍涝状态前后两时段；R. 渍涝消退阶段

参 考 文 献

陈先敏, 周亚宁, 李斌彬, 等. 2023. 灌浆阶段干旱对玉米强、弱势位胚乳干物质积累的影响. 中国农业大学学报, 28(5): 1-11.

董红芬, 李洪, 李爱军, 等. 2012. 玉米播期推迟与生长发育、有效积温关系研究. 玉米科学, 20(5): 97-101.

李绍长, 白萍, 吕新, 等. 2003. 不同生态区及播期对玉米籽粒灌浆的影响. 作物学报, 29(5): 775-778.

刘战东, 肖俊夫, 南纪琴, 等. 2010. 播期对夏玉米生育期、形态指标及产量的影响. 西北农业学报, 19(6): 91-94.

马国胜, 薛吉全, 路海东, 等. 2007. 播种时期与密度对关中灌区夏玉米群体生理指标的影响. 应用生态学报, 18(6): 1247-1253.

王琪, 马树庆, 郭建平, 等. 2009. 温度对玉米生长和产量的影响. 生态学杂志, 28(2): 255-260.

谢立勇, 郭明顺, 曹敏建, 等. 2009. 东北地区农业应对气候变化的策略与措施分析. 气候变化研究进展, 5(3): 174-178.

于滔, 张建国, 曹靖生, 等. 2023. 萌发期和苗期糯玉米对低温胁迫的生理响应. 干旱区资源与环境, 37(6): 201-208.

赵峰, 千怀遂. 2004. 全球变暖影响下农作物气候适宜性研究进展. 中国生态农业学报, 12(2): 134-138.

郑新奇, 姚慧, 王筱明. 2005. 20 世纪 90 年代以来《Science》关于全球气候变化研究述评. 生态环境, 14(3): 422-428.

Jing L S, Weng B S, Yan D H, et al. 2023. The persistent impact of drought stress on the resilience of summer maize. Frontiers in Plant Science, 14: 1016993.

Zinta G. 2012. Maize (*Zea mays* L.) response to sowing timing under agro-climatic conditions of Latvia. Zemdirbyste Agriculture, 99(1): 31-40.

第六章　作物对高 CO_2 浓度的响应机理

自工业化革命以来,全球 CO_2 浓度已由 18 世纪中叶时的 280μmol/mol 增加到 20 世纪以来的 379μmol/mol,并且每年仍以 1.5～2.0μmol/mol 的增长速率在增加,其引起的温度升高效应占总温室效应的 60%左右(IPCC,2022;高霁等,2012)。大气 CO_2 浓度升高引起全球气温的升高,对降水、蒸散产生影响,进而导致干旱等极端性天气发生的概率增加,这些都会影响作物的生长发育过程,继而影响作物产量(李彦生等,2020;王贺然等,2013a;韩雪等,2012a)。全球气候变化所引发的干旱,对农作物的生产已构成了严重威胁。本章论述了开顶式气室(open top chamber,OTC)和开放式气体浓度增加(free-air concentration enrichment,FACE)系统两种环境控制模拟系统,分析了主要农作物对 CO_2 浓度升高和干旱的响应,拟揭示主要农作物的适应机制,为未来全球气候变化条件下发挥 CO_2 肥效潜力提供一定的科学理论基础。

第一节　高 CO_2 浓度环境设置及试验方法

一、OTC 和 FACE 设施系统

大气 CO_2 浓度升高对冬小麦适应气候变化产生影响,因此明确不同小麦品种对 CO_2 浓度升高和水分互作的响应机理,可为筛选适应未来气候环境的作物品种提供理论依据,增强国家粮食安全保障能力(Yang et al.,2023;姜帅等,2013)。研究利用 OTC 和 FACE 系统同步开展试验,一方面阐述了 CO_2 和水分互作对农作物的影响机理,另一方面国际上对 OTC 和 FACE 等不同环境控制手段的小气候效应讨论激烈,研究也期望有所探索与解答(Ritchie et al.,2021;韩雪等,2012b)。

OTC 系统位于山西农业大学试验基地,该基地位于山西省晋中市太谷区(37.42°N,112.58°E)。整个系统主要由控制系统和 2 个开顶式气室(OTC)组成。气室结构为钢结构,外罩塑料薄膜,面积为 4m×4m,高 3.5m,顶部开放面积 4m×1.5m,2 个气室大小面积均一致。控制系统通过气室内的 CO_2 传感器采集室内的 CO_2 浓度,并将此数据传输到主控电脑,按照控制程序控制各气室电磁阀的开闭,将对照气室和处理气室的 CO_2 浓度控制在目标浓度。对照气室的 CO_2 浓度

与外界 CO_2 浓度一致（360～400μmol/mol），处理气室目标浓度为对照气室的 CO_2 浓度增加 200μmol/mol，实际控制误差为±30μmol/mol，系统还进行空气湿度和土壤湿度的监测。

FACE 系统位于中国农业科学院作物科学研究所（以下简称中国农业科学院作科所）昌平试验基地，该基地位于北京市昌平区马池口（40.13°N，116.14°E），土壤类型属褐潮土，含有机质 14.10g/kg，全氮 0.82g/kg，速效磷 19.97mg/kg，速效钾 79.77mg/kg。该系统有 6 个 FACE 试验圈和 6 个对照圈，试验圈设计为正八边形，直径 4m。FACE 圈和对照圈之间的距离均大于 14m，以消除 FACE 圈和对照圈中 CO_2 浓度的干扰。6 个 FACE 圈和其中 2 个对照圈中的 CO_2 浓度由 CO_2 传感器（Vaisala，Finland）实时监测。FACE 圈内 CO_2 浓度根据风速和风向由计算机实时调控，使圈内 CO_2 浓度稳定在（550±17）μmol/mol。对照圈内不释放 CO_2，全生育期平均 CO_2 浓度为（415±16）μmol/mol。FACE 圈除了冬小麦越冬期不释放 CO_2，其他时期均释放 CO_2。CO_2 释放时间根据日出日落时间自动开关，白天释放，夜间关闭。

二、试验设计

利用山西农业大学校内试验基地建立的开顶式气室进行了大气 CO_2 浓度升高和干旱互作对小麦、大豆光合生理、叶绿素荧光、逆境生理、生物量和产量影响的研究。CO_2 为主处理，分别为当前大气 CO_2 浓度（CK）和高 CO_2 浓度（CK+200μmol/mol）两个水平；土壤水分为副处理，分别设置干旱（50%的田间土壤最大持水量，此干旱水平为轻度干旱胁迫）和湿润（75%的田间土壤最大持水量，此为适宜水量）两个水平。冬小麦（2014 年 10 月）和大豆（2013年 6 月和 2014 年 6 月）播种在长、宽、高分别为 60cm、40cm、35cm 的塑料整理箱中，箱底部打 5 个孔用于排水，箱内装土 28cm 深。每个气室干旱和湿润各 10 盆。

利用中国农业科学院作科所昌平试验基地建立的 FACE 系统进行了大气 CO_2 浓度升高和品种差异对冬小麦光合生理、叶绿素荧光、非叶器官光合贡献、水势、生物量和产量的影响研究。CO_2 浓度设当前大气 CO_2 浓度（415μmol/mol）和高 CO_2 浓度（550μmol/mol）两个水平，供试材料有大穗型品种（农林 10、陕旱 8675、CA0493 和中麦 175）、中间型品种（京冬 8 号、丰抗 8 号、早洋麦）和多穗型品种（胜利麦和小口红），由中国农业科学院作科所提供。FACE 圈和对照圈内的施肥和灌溉措施一致。施肥量为 190kg N/hm^2（底肥：追肥=6：4）、165kg P_2O_5/hm^2 和 90kg K_2O/hm^2。全生育期灌溉两次，越冬水和春季拔节水各750m^3。

三、测定项目和指标

光合指标的测定：采用便携式光合气体分析系统（Li 6400，Li-Cor Inc.，Lincoln NE，USA），在不同发育期对各处理的冬小麦和大豆进行光合指标测定，测定其净光合速率（P_n）、气孔导度（G_s）、胞间 CO_2 浓度（C_i）、蒸腾速率（T_r），并计算水分利用效率（WUE），WUE=P_n/T_r。测定时间为上午 9:00～11:00。内置红蓝光源设定在光量子通量密度（PPFD）1400μmol/(m²·s)［FACE 试验设定为 1600μmol/(m²·s)］，叶室温度设定在 28℃（FACE 试验设定为 25℃）。

叶绿素荧光参数的测定：在 OTC 气室中，使用便携式光合气体分析系统（Li 6400，Li-Cor Inc.，Lincoln NE，USA）配备的叶绿素荧光叶室进行测定。该系统通过调节光强、温度和 CO_2 浓度等环境条件，实现对叶绿素荧光参数的精准测量。在冬小麦和大豆不同发育期，每个气室不同水分处理下各选取有代表性的植株 8 株，每株选取倒数第一片完全展开功能叶测定叶绿素荧光参数。白天 8:00～12:00 测定光反应并做好标记，夜间 10:00～12:00 测定暗反应。测定叶绿素初始荧光（F_0）、最大荧光（F_m）、光下最小荧光（F_0'）和光下最大荧光（F_m'），并计算 F_v/F_m、PhiPSⅡ、qP、qN、非光化学淬灭（NPQ）等叶绿素荧光参数。

FACE 系统中应用 miniPAM（WALZ，德国）调制荧光仪，于冬小麦不同生育时期各处理随机选取植株 3 株进行测定，每株测定最上部完全展开功能叶片测定叶绿素荧光参数。测定时间为上午 9:00～12:00，首先利用叶室测定暗适应条件下 F_0、F_m，然后测定光下最小荧光（F_0'）和光下最大荧光（F_m'），并计算 F_v/F_m、PhiPSⅡ、qP、qN、NPQ 等叶绿素荧光参数。

逆境生理指标：在主要发育期对大豆叶片 POD、SOD、MDA 和可溶性糖含量进行测定。

灌浆速率测定：选取 4 个品种，即陕旱 8675、农林 10、胜利麦和早洋麦，选择同一日开花、大小均匀、长势一致的麦穗挂牌标记，每个处理 50 株。各处理均在开花后每 7 天取样一次，共计 5 次。每次处理取样 10 穗，每穗取中部小穗籽粒 10 粒，旗叶每小区每次取 10 片叶。其中 1/2 经液氮速冻后放入–70℃的超低温冰箱中保存，用于测定代谢酶活性。另一半 105℃杀青 30min，75℃烘干至恒重。籽粒称重折算成千粒重，计算灌浆速率，旗叶用研钵磨细后备用。

光合器官相对产量贡献测定：小麦开花期挂牌标记同一日开花的主茎，每个处理 40 株，于花后 3d 用铝箔纸包被冬小麦各绿色光合器官（穗、旗叶、倒二叶）进行遮光处理（铝箔上扎有若干 1mm 微孔，以利于内外气体交换）。成熟期，各处理分别收获，按穗、旗叶、其他叶和茎分开称重。记录穗长、小穗数、不孕小穗数，将麦穗分别按颖壳和籽粒分开，记录籽粒数、籽粒重和颖壳重，分别计算穗、旗叶和倒二叶对粒重的相对贡献。

开花日测定标记的主茎上的旗叶、倒二叶和倒三叶的长和宽，成熟后根据每穗粒数和粒重，计算粒数叶比和粒重叶比。

冬小麦考种：当小麦完全成熟后，将各气室内的植株全部拔出，整株带回室内进行考种。株高：每个处理内按照穗数（D）和秸秆重（F）比例 $10F/D$，选取 10 株，测量从分蘖节到将苗抻直后最长叶尖长度。

单穗考察：按照穗数（D）和穗重（E）比例 $20E/D$，选取 20 穗，分别测量穗长、总小穗数、不孕小穗数。

总生物量：样本其他指标测定结束后，将植株各器官剪下装袋并标记，烘箱中 105℃ 杀青 30min，80℃ 左右烘干至恒重，在精度 1% 天平上称重并记录。

产量及产量构成要素：记录每株有效穗数、穗粒数，称取穗重、穗粒重，并称取千粒重。

第二节　开顶式气室 OTC 试验研究

一、大气 CO_2 浓度升高和干旱对小麦的影响

在目前大气 CO_2 浓度条件下，干旱使小麦净光合速率、气孔导度和蒸腾速率分别下降 42.3%、62.3% 和 54.7%，水分利用效率增加 30.3%。在高 CO_2 浓度条件下，干旱使小麦净光合速率、气孔导度和蒸腾速率分别下降 58.7%、77.3% 和 70.7%，水分利用效率增加 35.2%（表 6-1）。CO_2 浓度升高会增加干旱对小麦净光合速率的负效应，但会提高干旱条件下的水分利用效率。

表 6-1　大气 CO_2 浓度升高和干旱对小麦叶片气体交换参数的影响

	处理		P_n / [μmol/(m²·s)]	G_s / [mol H₂O/(m²·s)]	T_r / [mmol H₂O/(m²·s)]	WUE / (mol CO₂/mol H₂O)
孕穗期	中麦175	湿润 CK	20.67±0.46	0.42±0.03	7.35±0.36	2.97±0.11
		湿润 高CO₂	26.79±0.42	0.23±0.01	4.79±0.10	5.62±0.07
		干旱 CK	10.03±0.83	0.12±0.02	2.70±0.35	4.76±0.26
		干旱 高CO₂	11.89±0.65	0.06±0.00	1.46±0.10	8.34±0.12
	胜利麦	湿润 CK	16.59±0.49	0.19±0.01	4.20±0.16	4.01±0.05
		湿润 高CO₂	23.80±0.88	0.20±0.01	4.24±0.24	5.91±0.16
		干旱 CK	10.16±0.48	0.08±0.00	1.95±0.11	5.32±0.10
		干旱 高CO₂	7.73±0.39	0.04±0.00	0.92±0.05	8.40±0.18
灌浆期	中麦175	湿润 CK	18.55±0.93	0.29±0.02	7.37±0.46	2.64±0.07
		湿润 高CO₂	26.22±1.14	0.30±0.02	7.16±0.35	3.71±0.06
		干旱 CK	12.89±0.99	0.14±0.01	3.99±0.27	3.14±0.06
		干旱 高CO₂	7.13±0.55	0.04±0.00	1.27±0.10	5.55±0.13

续表

	处理		P_n /[μmol/(m²·s)]	G_s /[mol H₂O/(m²·s)]	T_r /[mmol H₂O/(m²·s)]	WUE /（mol CO₂/mol H₂O）
灌浆期	胜利麦	湿润 CK	10.14±0.60	0.09±0.01	2.85±0.20	3.72±0.12
		湿润 高CO₂	11.74±0.96	0.06±0.01	2.16±0.19	5.57±0.14
		干旱 CK	4.96±0.26	0.04±0.00	1.22±0.07	4.16±0.10
		干旱 高CO₂	9.77±0.89	0.05±0.01	1.73±0.19	5.83±0.08
P值	发育期		0.00	0.01	0.85	0.00
	品种		0.00	0.00	0.00	0.00
	CO₂		0.00	0.00	0.00	0.00
	干旱		0.00	0.00	0.00	0.00
	重复		0.36	0.27	0.82	0.27
	发育期×品种		0.00	0.03	0.00	0.01
	发育期×CO₂		0.14	0.43	0.89	0.00
	发育期×干旱		0.00	0.01	0.18	0.00
	品种×CO₂		0.72	0.00	0.00	0.24
	品种×干旱		0.00	0.00	0.00	0.01
	CO₂×干旱		0.00	0.92	0.77	0.00
	发育期×品种×CO₂		0.17	0.23	0.87	0.25
	发育期×品种×干旱		0.01	0.12	0.01	0.13
	品种×CO₂×干旱		0.37	0.30	0.89	0.44
	发育期×品种×CO₂×干旱		0.00	0.01	0.01	0.05

注："×"表示不同组合条件（下同）

湿润条件下，CO_2 浓度升高使中麦 175 产量增加 17.8%，但对胜利麦无明显影响。干旱条件下，CO_2 浓度升高对中麦 175 无显著影响，但使胜利麦产量增加 85.8%（图 6-1）。干旱对小麦的 CO_2 肥效存在品种差异。

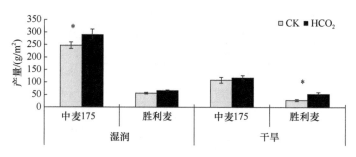

图 6-1　大气 CO_2 浓度升高（ECO_2）和干旱对小麦产量的影响

二、大气 CO_2 浓度升高和干旱对大豆的影响

大气 CO_2 浓度升高减轻了干旱对大豆叶片光系统 II 最大光化学量子产量（F_v/F_m）和光系统 II 原初光能转换效率（F_v'/F_m'）的抑制作用，从而减少了两者的降幅，增加了大豆叶片净光合速率（P_n）、水分利用效率（WUE）、光系统 II 实际光化学量子产量（$\Phi PSII$）、光合学猝灭系数（qP）、SOD 和可溶性糖含量（表 6-2～表 6-4）。大气 CO_2 浓度升高使大豆产量增加 17.7%，干旱条件下增幅（29.6%）较湿润条件下增幅（12.9%）高。未来大气 CO_2 浓度升高将有利于大豆抗旱能力的提高（图 6-2）。

表 6-2　大气 CO_2 浓度升高和干旱对大豆叶片气体交换参数的影响

年份	生育期	水分处理	CO_2 处理	P_n / [μmol/(m²·s)]	G_s / [mol H_2O/(m²·s)]	T_r / [mmol H_2O/(m²·s)]	WUE / (mol CO_2/mol H_2O)
2013	盛花期	湿润	CK	13.84±1.16	0.24±0.04	3.18±0.39	4.48±0.23
			高 CO_2	17.55±0.69	0.20±0.02	2.97±0.16	5.94±0.11
		干旱	CK	6.91±0.86	0.07±0.02	1.62±0.33	4.77±0.69
			高 CO_2	10.63±0.91	0.08±0.01	1.47±0.11	7.22±0.09
	鼓粒期	湿润	CK	7.58±0.63	0.11±0.02	2.96±0.42	2.67±0.27
			高 CO_2	10.31±1.09	0.08±0.01	2.15±0.22	4.81±0.04
		干旱	CK	11.00±0.66	0.20±0.02	4.77±0.33	2.33±0.15
			高 CO_2	10.18±1.72	0.08±0.01	2.18±0.23	4.51±0.32
2014	盛花期	湿润	CK	17.46±0.85	0.32±0.04	4.62±0.29	3.79±0.09
			高 CO_2	24.19±0.69	0.41±0.03	5.00±0.18	4.85±0.09
		干旱	CK	7.55±0.80	0.08±0.01	1.57±0.21	4.92±0.34
			高 CO_2	17.21±2.02	0.17±0.04	2.83±0.48	6.29±0.34
	鼓粒期	湿润	CK	17.31±0.76	0.34±0.04	5.29±0.43	3.32±0.15
			高 CO_2	25.34±1.06	0.31±0.05	4.65±0.52	5.63±0.41
		干旱	CK	4.93±0.97	0.07±0.02	1.52±0.39	3.55±0.26
			高 CO_2	5.97±0.25	0.01±0.00	0.32±0.04	19.36±1.82
P 值	年份			0.00	0.00	0.00	0.00
	生育期			0.00	0.00	0.66	0.07
	CO_2			0.00	0.42	0.00	0.00
	干旱			0.00	0.00	0.00	0.00
	年份×生育期			0.48	0.30	0.00	0.00
	年份×CO_2			0.00	0.02	0.01	0.00
	年份×干旱			0.00	0.00	0.00	0.00
	生育期×CO_2			0.00	0.00	0.00	0.00
	生育期×干旱			0.59	0.13	0.13	0.00
	CO_2×干旱			0.08	0.58	0.30	0.00
	年份×生育期×CO_2			0.67	0.17	0.74	0.00
	年份×生育期×干旱			0.00	0.00	0.00	0.00
	生育期×CO_2×干旱			0.00	0.15	0.02	0.00
	年份×生育期×CO_2×干旱			0.33	0.73	0.30	0.00

表 6-3　大气 CO_2 浓度升高和干旱对大豆叶片气体交换参数的影响

年份	生育期	水分处理	CO_2 处理	F_v/F_m	F_v'/F_m'	$\Phi PSII$	qP	NPQ
2013	盛花期	湿润	CK	0.80±0.01	0.56±0.02	0.44±0.04	0.78±0.05	1.20±0.08
			高 CO_2	0.82±0.00	0.59±0.01	0.49±0.03	0.82±0.04	1.28±0.10
		干旱	CK	0.81±0.01	0.43±0.03	0.39±0.03	0.93±0.07	1.96±0.10
			高 CO_2	0.81±0.01	0.58±0.04	0.44±0.05	0.75±0.04	1.14±0.15
	鼓粒期	湿润	CK	0.78±0.01	0.48±0.01	0.32±0.02	0.65±0.04	1.39±0.02
			高 CO_2	0.73±0.02	0.38±0.06	0.39±0.03	1.14±0.19	1.28±0.12
		干旱	CK	0.78±0.01	0.45±0.05	0.32±0.02	0.77±0.10	1.49±0.06
			高 CO_2	0.78±0.01	0.43±0.02	0.29±0.01	0.68±0.04	1.60±0.04
2014	盛花期	湿润	CK	0.80±0.01	0.53±0.03	0.30±0.01	0.57±0.02	1.61±0.23
			高 CO_2	0.82±0.00	0.58±0.01	0.42±0.01	0.72±0.02	1.37±0.10
		干旱	CK	0.76±0.01	0.41±0.02	0.23±0.02	0.55±0.02	2.10±0.20
			高 CO_2	0.80±0.01	0.32±0.04	0.21±0.03	0.64±0.01	3.37±0.42
	鼓粒期	湿润	CK	0.81±0.00	0.59±0.01	0.28±0.01	0.47±0.02	1.05±0.05
			高 CO_2	0.81±0.00	0.46±0.01	0.24±0.03	0.51±0.05	1.74±0.12
		干旱	CK	0.78±0.01	0.40±0.01	0.12±0.00	0.30±0.01	2.29±0.07
			高 CO_2	0.78±0.01	0.42±0.00	0.09±0.00	0.22±0.01	1.86±0.11
P 值	年份			0.10	0.10	0.00	0.00	0.00
	生育期			0.00	0.00	0.00	0.00	0.04
	CO_2			0.42	0.46	0.05	0.05	0.38
	干旱			0.03	0.00	0.00	0.00	0.00
	年份×生育期			0.00	0.00	0.00	0.80	0.01
	年份×CO_2			0.00	0.07	0.28	0.87	0.00
	年份×干旱			0.00	0.00	0.00	0.23	0.00
	生育期×CO_2			0.00	0.00	0.03	0.33	0.34
	生育期×干旱			0.09	0.01	0.83	0.00	0.04
	CO_2×干旱			0.12	0.06	0.04	0.00	0.66
	年份×生育期×CO_2			0.68	0.05	0.26	0.00	0.02
	年份×生育期×干旱			0.15	0.85	0.86	0.81	0.15
	生育期×CO_2×干旱			0.02	0.02	0.68	0.09	0.02
	年份×生育期×CO_2×干旱			0.06	0.00	0.05	0.03	0.00

表 6-4　大气 CO_2 浓度升高和干旱对大豆鼓粒期叶片 POD、SOD、MDA 和可溶性糖的影响

水分处理	CO_2 处理	POD /［μg/(g FW·min)］	SOD /［μg/(g FW·h)］	MDA /（mmol/g FW）	可溶性糖 /（mg/g FW）
湿润	CK	22.53±0.62	146.15±5.35	0.22±0.00	5.57±0.31
	EC	19.90±0.42	163.14±7.38	0.20±0.01	7.27±0.20
干旱	CK	27.40±1.04	145.09±3.94	0.27±0.01	6.49±0.37
	EC	24.56±0.84	167.31±4.46	0.25±0.00	8.04±0.46
P 值	CO_2	0.19	0.00	0.14	0.04
	干旱	0.03	0.78	0.01	0.25
	CO_2×干旱	0.95	0.63	0.88	0.91

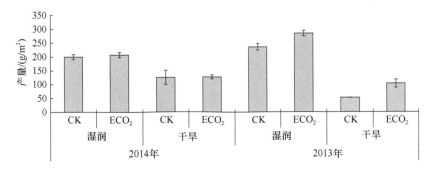

图 6-2　大气 CO_2 浓度升高（EC）和干旱对大豆产量的影响

产量的方差分析结果（ANOVA results for yield）：年，P=0.57；CO_2，P=0.05；干旱，P=0.00；年×CO_2，P=0.02；
年×干旱，P=0.00；CO_2×干旱，P=0.50；年×CO_2×干旱，P=0.45

第三节　FACE 系统试验研究

一、CO_2 浓度升高的温室效应

CO_2 浓度升高使得圈内冠层温度显著高于圈外，并且冠层温度分布与 CO_2 随风向扩散路径有关（图 6-3）。在干旱半干旱地区，若作物生长没有灌溉水分供应，由于 CO_2 浓度升高，冠层温度增加，干旱风险增加。

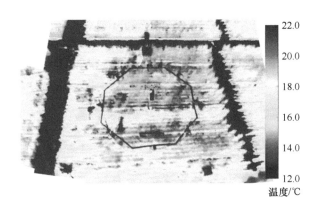

图 6-3　FACE 圈内外的冠层温度分布

具体分析比较圈内外不同位置的冠层温度，圈内冠层温度比圈外平均高 0.95℃（图 6-4）。

	最高温度	最低温度	平均温度	标准差
全图	47.5	−9.8	18.8	3.68
A	17.9	16.6	17.2	0.17
B	19.4	16	18	0.43
C	18.8	17.2	18	0.23
D	17.7	16.4	16.9	0.22

图 6-4 FACE 圈内外冠层温度（℃）差异

二、CO_2 浓度升高对冬小麦发育进程的影响

CO_2 浓度升高加快了冬小麦（中麦 175 和胜利麦）的发育进程，拔节期、孕穗期、抽穗期、开花期的初始日期分别提前 2.0d、2.2d、1.6d 和 0.7d（图 6-5）。

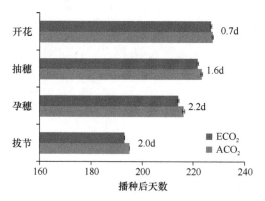

图 6-5 CO_2 浓度升高对冬小麦发育进程的影响

ACO_2. 大气 CO_2 浓度；ECO_2. 高 CO_2 浓度

三、CO₂ 浓度升高对冬小麦籽粒产量的影响

试验供试材料有大穗型品种[农林 10（NL10）、陕旱 8675（SH8675）、CA0493、Soissons 和中麦 175（ZM175）]、中间型品种[京冬 8 号（JD8）、丰抗 8 号（FK8）、旱洋麦（ZYM）]和多穗型品种[Am3、胜利麦（SLM）和小口红（XKH）]，通过连续三年的田间试验，结果表明，CO₂ 浓度升高促进冬小麦产量平均增产 10.6%。供试品种存在显著的 CO₂ 肥效差异，产量变幅从–3.41%（SLM）到 20.03%（NL10）（图 6-6）。

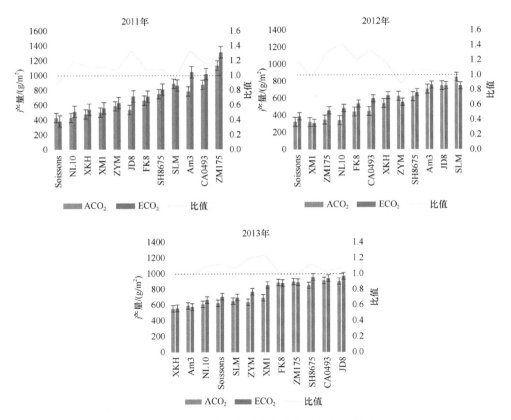

图 6-6　CO₂ 浓度升高对冬小麦品种产量的影响

根据表型特征进行聚类分析，可以将冬小麦分为大穗型（NL10、SH8675、XM1、CA0493、Soissons 和 ZM175）、中间型（JD8、FK8 和 ZYM）和多穗型品种（Am3、SLM 和 XKH）。在高 CO₂ 浓度条件下，大穗型品种（16.7%）的产量

增幅高于中间型（9.4%）和多穗型（9.7%）（图6-7）。

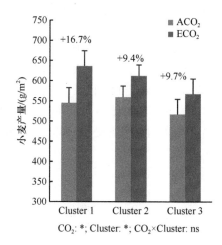

图6-7　CO_2浓度升高对大穗型（Cluster 1）、中间型（Cluster 2）和多穗型（Cluster 3）冬小麦产量的影响

*有显著性影响（$P<0.05$）；ns. 无显著性影响（$P<0.05$）

四、冬小麦品种在高 CO_2 浓度条件下的增产机制

CO_2浓度升高促进冬小麦品种产量的增加，主要是增加了分蘖数（13%～30%）和穗粒数（–4%～6%）（图 6-8）。但是不同类型的冬小麦品种增产机制不同，大穗型品种在高 CO_2 浓度条件下产量增加主要是由于分蘖数（30%）的增加；而多穗型品种在高 CO_2 浓度条件下分蘖数增加（13%），同时穗粒数增加6%。

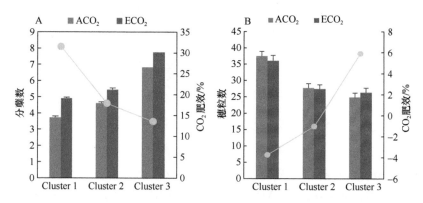

图6-8　CO_2浓度升高对三类冬小麦单株分蘖数（A）和穗粒数（B）及 CO_2肥效的影响

冬小麦产量的 CO_2 肥效大小与粒叶比呈正相关关系（图 6-9）。因此，未来小叶大穗型群体将更加适应高 CO_2 浓度的生长环境。这可能是由于在高 CO_2 浓度条件下，冬小麦的源库比发生变化。为了达到新的平衡，源限制型品种（大穗型）通过增加源端（增加茎数和叶片数），库限制型品种（小穗型）通过增加库端同化物（穗数和籽粒数），从而实现高 CO_2 浓度条件下增产的效果。因此，在未来高 CO_2 浓度条件下，不同类型的品种可以采取更有针对性的增产途径。

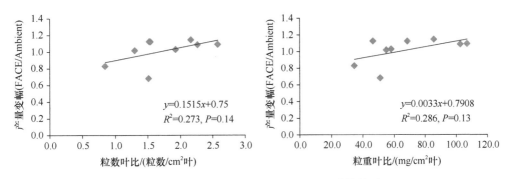

图 6-9 粒数叶比、粒重叶比与 CO_2 肥效的关系

纵轴表示自由空气中增加 CO_2 浓度（FACE）与周围（Ambient）CO_2 浓度之比下的产量变幅

第四节 CO_2 浓度升高的生理生化响应机制

一、CO_2 浓度升高对冬小麦叶绿素荧光参数的影响

（一）最大光化学量子产量（F_v/F_m）

F_v/F_m 是 PS II 最大光化学量子产量（optimal/maximal photochemical efficiency of in the dark，或 optimal/maximal quantum yield of PS II），反映 PS II 反应中心内光能转换效率（intrinsic PS II efficiency）或称最大 PS II 的光能转换效率（optimal/maximal PS II efficiency），F_v/F_m 代表在暗适应下 PS II 的最大光化学效率（或称原初光能转换效率）。非胁迫条件下该参数的变化极小，不受物种和生长条件的影响，而胁迫条件下该参数明显下降。因而，F_v/F_m 是反映在各种胁迫下植物光合作用受抑制程度的理想指标。通过测量 F_v/F_m，可以反映作物或树木等受到胁迫的程度。

两年的试验结果表明，测定的 5 个品种在灌溉前的 F_v/F_m 参数均低于灌溉后，说明在灌溉前冬小麦受到一定程度的干旱胁迫，而灌溉使得 PS II 的最大光化学效率得以恢复（图 6-10）。

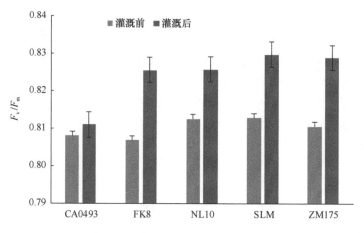

图 6-10　灌溉前后的 F_v/F_m 参数比较

（二）PSⅡ的实际量子产量 Φ（Ⅱ）

CO_2 浓度升高促进 PSⅡ的实际量子产量 [Φ（Ⅱ）] 增加，灌溉前后分别增加 15.2%和 5.9%，干旱胁迫条件下的增幅大于水分充足条件，说明 CO_2 浓度升高可以通过促进 PSⅡ的电子传输，提高实际量子产量，从而缓解干旱胁迫的不利影响。

测试的 6 个品种的 Φ（Ⅱ）差异显著，CA0493 和中麦 175（ZM175）的实际量子产量显著高于丰抗 8（FK8）和胜利麦（SLM），京冬 8 号（JD8）和农林 10（NL10）居中。对于实际量子产量的 CO_2 肥效作用，中麦 175 和京冬 8 号的表现最优，分别为 28.3%和 20.6%（表 6-5）。

表 6-5　CO_2 浓度和水分互作对 Φ（Ⅱ）的影响　　　　　　　　　　（%）

品种	灌溉前		灌溉后	
	ACO_2	ECO_2	ACO_2	ECO_2
平均	0.381±0.1	0.439±0.1	0.319±0.1	0.338±0.2
CA0493	0.499±0.0	0.405±0.1	0.336±0.1	0.401±0.2
FK8	0.396±0.1	0.383±0.1	0.311±0.1	0.290±0.1
NL10	0.374±0.1	0.471±0.2	0.303±0.1	0.305±0.1
ZM175	0.337±0.1	0.438±0.1	0.356±0.0	0.451±0.2
SLM	0.400±0.1	0.451±0.1	0.268±0.1	0.276±0.1
JD8	0.322±0.1	0.465±0.2	0.349±0.1	0.344±0.1
方差分析				
灌溉		**		
品种		*		
CO_2		**		
灌溉×品种		**		
品种×CO_2		*		

二、CO_2 浓度升高对冬小麦水势的影响

水势是植物水分状态的基本度量单位，在植物水势中，叶片水势反映植物从土壤中吸收水分的能力，是衡量植物抗旱性的重要生理指标。目前，植物水势研究主要集中在北方干旱胁迫下植物水势特征等方面，对于 CO_2 浓度和温度升高等全球变化带来的极端气候事件，诸如干旱频发等，影响植物水势特征的研究尚无报道。本研究分析不同 CO_2 浓度条件下，冬小麦叶片水势的季节变化、品种差异和器官差异，分析 CO_2 浓度升高对植物抗旱的作用，对未来节水栽培和抗旱品种筛选具有指导意义。

（一）季节变化特征

冬小麦叶片水势随着生育进程推进呈单峰曲线变化，返青至拔节期，植物处于展叶阶段，生长需水量少，并且水分散失较少，植物体内含水量高，故叶片水势在拔节期达到最高峰（$-1.52 \sim -1.47$MPa）。孕穗开始后，冬小麦生长逐渐旺盛，土壤水分亏缺严重，生理需水量和耗水量均大幅增加，故叶片水势不断降低（图6-11）。说明叶片水势的变化与冬小麦的生长发育阶段是同步的，而且拔节孕穗期的水分状况对冬小麦的生长起着关键的作用。

CO_2 浓度升高有促进冬小麦叶片水势升高的趋势，起身期、拔节期、孕穗抽穗期、开花期和灌浆期叶片水势分别增加 4.8%、3.1%、4.6%、0.1% 和 4.9%（$P=0.1$）。说明 CO_2 浓度升高能够减缓干旱胁迫的负面影响。

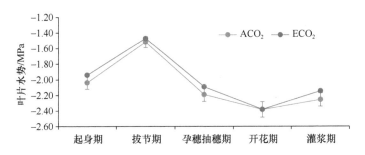

图 6-11 冬小麦叶片水势在大气 CO_2 浓度（ACO_2）和高 CO_2 浓度（ECO_2）条件下的季节变化

（二）品种差异

供试冬小麦叶片水势在大气 CO_2 浓度条件下没有显著差异，但是在高 CO_2 浓度条件下表现出品种差异。在高 CO_2 浓度下，中麦 175 的叶片水势增加 18.48%，旱洋麦的叶片水势降低 20.74%（表 6-6）。

表 6-6　冬小麦叶片水势在大气 CO_2 浓度和高 CO_2 浓度条件下的品种差异

品种	水势/MPa		百分比/%
	ACO_2	ECO_2	
胜利麦	−2.23±0.5	−2.05±0.6	8.07
农林 10	−2.19±0.6	−1.98±0.6	9.59
中麦 175	−2.11±0.5	−1.72±0.3	18.48
陕旱 8675	−2.06±0.5	−2.16±0.5	−4.85
CA0493	−2.05±0.5	−2.05±0.6	0.00
京冬 8 号	−2.05±0.5	−2.05±0.5	0.00
丰抗 8 号	−2.02±0.5	−1.89±0.4	6.44
小口红	−1.93±0.5	−2.02±0.5	−4.66
旱洋麦	−1.88±0.7	−2.27±0.5	−20.74

（三）日变化特征

冬小麦叶片水势的日变化曲线通常清晨水势最高，13:00～15:00 叶片水势达到日间最低值（拔节期除外），到傍晚时分恢复到或接近清晨的水平（图 6-12）。白天随着光照增强，气温升高，冬小麦的生理活动加强。拔节期在没有灌溉前测定，土壤水分不足，致使叶片水势快速下降。中午时分，光照强、气温高，植物为了减少过度蒸腾失水造成的伤害，其气孔开度减小或关闭，叶片水势逐渐升高。

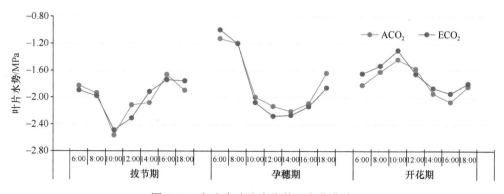

图 6-12　冬小麦叶片水势的日变化曲线

选取两个典型品种对比冬小麦叶片水势的日均值，CO_2 浓度升高对拔节期和孕穗期的冬小麦叶片水势没有显著影响，但是到开花期，两个品种的叶片水势对 CO_2 浓度升高的响应不同（图 6-13）。对于大穗型品种农林 10 来说，CO_2 浓度升高促进其水势提高，而对于多穗型品种胜利麦来说，高 CO_2 浓度条件下水势较低。

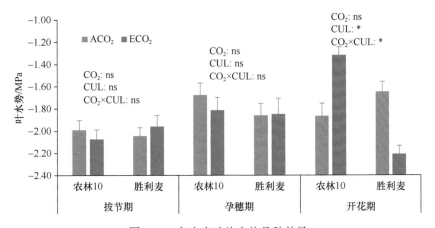

图 6-13　冬小麦叶片水势品种差异

*有显著性影响（$P < 0.05$）；ns. 无显著性影响（$P < 0.05$）

（四）器官差异

灌浆期，分别选择 2 个大穗型品种（陕旱 8675 和农林 10）和 2 个多穗型品种（旱洋麦和胜利麦）进行比较分析，4 个品种的水势差异显著，表现为陕旱 8675＞旱洋麦＞农林 10＞胜利麦。但是，对于大穗型品种，旗叶水势高于穗水势，而多穗型品种的旗叶和穗水势没有显著差异（表 6-7）。

表 6-7　灌浆期旗叶和穗的水势比较　　　　　　（单位：Mpa）

器官	CO_2	农林 10	陕旱 8675	胜利麦	旱洋麦
旗叶	ACO_2	−3.04±0.1	−2.58±0.2	−3.11±0.1	−2.90±0.2
	ECO_2	−2.66±0.1	−2.43±0.3	−3.15±0.2	−2.81±0.2
穗	ACO_2	−3.28±0.2	−2.59±0.2	−3.25±0.2	−2.84±0.1
	ECO_2	−3.23±0.2	−2.53±0.1	−3.37±0.1	−2.79±0.3
方差分析					
品种		*	*	*	*
器官		*	*	ns	ns
CO_2		0.1	0.1	ns	ns
品种×器官		0.1	0.1	ns	ns

三、CO_2 浓度升高对冬小麦籽粒灌浆速率的影响

前期的研究表明，冬小麦产量的 CO_2 肥效作用与同化物的形成和库容能力有关（张馨月等，2023；王贺然等，2013b）。因此，我们分别选取大穗型（SH8675）、中间型（JD8）和多穗型（SLM）品种各一个进行灌浆速率分析，进一步研究不同类型冬小麦品种产量形成机制的差异。

由表 6-8 可知，CO_2 浓度升高，京冬 8 号、陕旱 8675 两个品种在开花后的第
6、12、18、24、30 天取样中，穗粒重相比对照组增重相对明显。京冬 8 号除开
花后第 18 天无增重外，其余各期都有增重，增重最大值达到 86%（第 6 天），最
小值 3%（第 24 天）。陕旱 8675 在整个灌浆期中，高 CO_2 浓度都促使穗粒重的增
加，最大增加值达到 260%（第 6 天），最小增重也有 16%（第 18 天）。而胜利麦
的穗粒重对 CO_2 的肥效基本无响应。说明在高 CO_2 浓度条件下，多穗型品种对高
CO_2 浓度没有响应。

表 6-8   不同品种在不同 CO_2 浓度条件下穗粒重的变化情况（单位：g/穗）

品种	CO_2	开花后天数				
		6	12	18	24	30
京冬 8 号	ACO_2	0.07±0.01dC	0.30±0.01cBC	0.93±0.24a	1.19±0.02abA	1.19±0.06abAB
	ECO_2	0.13±0.01cB	0.44±0.03bB	0.91±0.24a	1.23±0.20aA	1.38±0.23aA
陕旱 8675	ACO_2	0.05±0.02dC	0.16±0.04dC	0.81±0.10a	0.91±0.11bcA	0.90±0.12bcB
	ECO_2	0.18±0.03bB	0.25±0.08cdC	0.92±0.11a	1.11±0.10abcA	1.12±0.15abcAB
胜利麦	ACO_2	0.25±0.03aA	0.64±0.10aA	0.95±0.02a	0.86±0.04cA	0.86±0.16bcB
	ECO_2	0.16±0.02bcB	0.58±0.06aAB	0.97±0.09a	0.89±0.12cA	0.80±0.17cB

注：表中数据后面的不同大写字母表示不同品种之间的穗粒重变化具有显著性差异

由于小麦上、中、下三部分中，中部先开花，灌浆比较稳定，上部和下部可
能更能显现出高 CO_2 浓度的影响。为了更具体地研究高 CO_2 浓度条件下各品种的
响应情况，因此研究将小麦穗分成上、中、下三部分进行灌浆动态的具体分析。

由图 6-14 可见，三个品种小麦的上、中、下三部分的籽粒重基本呈"S"形
变化。麦穗中部的籽粒重要比上、下两部分的籽粒重高。高 CO_2 浓度对三个品种

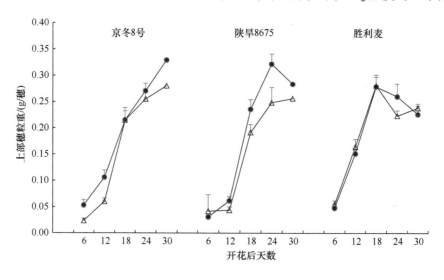

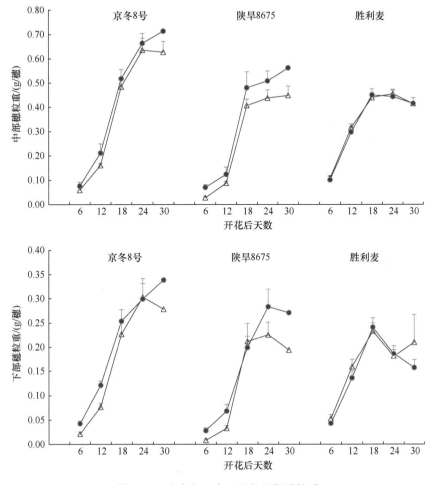

图 6-14　小麦上、中、下各部位穗粒重

小麦的上部穗粒重都有明显的增加作用，对京冬 8 号和陕旱 8675 品种的中部、下部穗粒重有增重作用，但对胜利麦中部、下部穗粒重和对照几乎没有差别。在开花后同一时期的取样测定中，京冬 8 号和陕旱 8675 两个品种在高 CO₂ 浓度条件下的重量高于对照组。在不同 CO₂ 浓度条件下三个品种小麦的上、中、下部穗粒重增长最快时期都是开花后 12 天至 18 天，这和穗粒重的灌浆速率相符合。

四、冬小麦各光合器官对产量的相对贡献

依据各器官在开花期套袋后，与对照相比籽粒产量的减少量，计算各个器官对籽粒产量的相对贡献率。从表 6-9 可知，小麦主要光合器官的贡献率大小比较：穗光合＞旗叶光合＞倒二叶光合。小麦不同部位器官光合作用对穗粒重的贡献差

异较大，在不同品种间差异也不同。在小麦灌浆期，穗光合对穗粒重的贡献比例最大，且不同品种贡献值不同。试验结果表明，在不同 CO_2 浓度条件下，小麦的主要光合器官对穗粒重的贡献因品种和处理的差异而不同。京冬 8 号在 ACO_2 条件下，倒二叶套袋处理和旗叶套袋处理的穗粒重与对照（CK）相比无显著差异，而穗套袋处理显著低于对照（$P<0.05$）。在 ECO_2 条件下，旗叶套袋处理和倒二叶套袋处理的穗粒重与对照无显著差异，但穗套袋处理的穗粒重显著低于对照（$P<0.05$），对穗粒重的贡献率在大气 CO_2 下达到 20%，在高 CO_2 浓度条件下贡献率为 13%。相较于京冬 8 号，胜利麦无论在 ACO_2 还是 ECO_2 条件下，所有处理的穗粒重与对照均无显著差异。综上所述，京冬 8 号对不同光合器官的依赖性较强，而胜利麦在各处理条件下对穗粒重的贡献较为稳定。

表 6-9　不同 CO_2 浓度条件下小麦不同器官处理的穗粒重　（单位：g/穗）

处理	CO_2	京冬 8 号	陕旱 8675	胜利麦
CK	ACO_2	1.30±0.02cB	1.05±0.06b	0.71±0.06a
	ECO_2	1.56±0.10bcAB	1.12±0.26ab	0.75±0.23a
倒二叶套袋	ACO_2	1.26±0.07bcAB	1.05±0.18ab	0.76±0.09a
	ECO_2	1.41±0.03bAB	1.17±0.08ab	0.57±0.03a
旗叶套袋	ACO_2	1.29±0.14abAB	0.92±0.14ab	0.79±0.17a
	ECO_2	1.35±0.03abAB	1.04±0.11ab	0.81±0.14a
穗套袋	ACO_2	1.04±0.29abA	0.85±0.17ab	0.50±0.08a
	ECO_2	1.36±0.17aA	0.93±0.10a	0.45±0.01a

第五节　冬小麦对高 CO_2 浓度的综合响应

一、作物不同设置 CO_2 浓度升高环境响应对比

为了对比 OTC 和 FACE 系统的作物产量差异，研究同步采用中麦 175 和胜利麦作为供试材料。中麦 175 是近年来华北地区的主栽品种，具有高产稳产的特性；胜利麦是 20 世纪 50 年代从美国引进的品种，具有高竿多穗的特点。在水分充足条件下，CO_2 浓度升高对中麦 175 产量有促进作用，OTC 和 FACE 条件下分别为 17.8% 和 16.7%，CO_2 肥效作用相当；无论是在 OTC 还是在 FACE 条件下，CO_2 浓度升高对胜利麦的产量没有显著影响，可以说 CO_2 浓度升高至 550μmol/mol，同品种冬小麦供试材料在 OTC 和 FACE 系统中的响应程度相当。

二、OTC 设置下 CO_2 和水分互作对作物的影响

研究利用山西农业大学校内试验基地建立的开顶式气室,设置不同的土壤水分处理,进行了大气 CO_2 浓度升高和干旱互作对小麦和大豆光合生理、叶绿素荧光参数的影响分析,从而揭示未来 CO_2 浓度升高条件下,冬小麦和大豆对干旱的适应机理。结果表明,湿润条件下,CO_2 浓度升高使中麦 175 产量增加 17.8%,但对胜利麦无明显影响。干旱条件下,CO_2 浓度升高对中麦 175 无显著影响,但使胜利麦产量增加 85.8%。这与两个品种的光合参数变化相关,在孕穗期和灌浆期,湿润条件下,大气 CO_2 浓度升高使小麦叶片净光合速率平均增加 34.3%;干旱条件下,大气 CO_2 浓度升高使小麦叶片净光合速率下降 4.0%。干旱会限制大气 CO_2 浓度升高对小麦光合作用的促进作用,但会促进其对水分利用率的正效应。

而大豆试验的结果不尽相同,未来 CO_2 浓度升高对大豆抗旱机制有利好的方面。大气 CO_2 浓度升高使大豆产量增加 17.7%,干旱条件下增幅(29.6%)较湿润条件下增幅(12.9%)高。未来大气 CO_2 浓度升高将有利于大豆抗旱能力的提高,这与大豆植株体内的抗逆酶 SOD 含量增加相关。

三、FACE 设置下高 CO_2 浓度与水肥互作关系

考虑到气候变化背景下农业对气候灾害的适应能力,研究设置了大气 CO_2 浓度升高后冬小麦抗旱能力的比较试验,对叶绿素荧光参数进行了系统观测,结果初步明确了不同品种光合能力的变化,并对其中两个冬小麦品种非光合器官的光合能力变化进行了细致分析。CO_2 富集系统试验表明,冬小麦抗旱能力存在品种差异。高 CO_2 浓度和 CK 条件下,6 个品种小麦的叶绿素荧光参数表现不同,某些小麦品种在大气 CO_2 浓度升高后,在轻度干旱条件下其光系统 II 的电子传递能力将有增加的趋势,光系统 II(PS II)F_v/F_m 及 PS II 的潜在活性(F_v/F_0)对轻度干旱的反应存在品种差异。通过品种筛选,筛选出能适应未来气候变化的冬小麦品种,初步试验表明,胜利麦和 CA0493 在高 CO_2 浓度环境中,具有较强的抗旱能力。开花后,选择 2 个品种进行非光合器官光合能力变化的测定,初步结论表明,与对照相比,包穗使穗粒重降低 49%($P < 0.01$),说明了穗在花后发挥重要的光合同化作用,在 CO_2 浓度升高条件下,需要进一步加强品种非叶光合器官对产量的贡献研究。

从水肥管理技术角度,开展了高浓度 CO_2 条件下,不同水分条件对小麦光合生产和产量变化的影响比较研究,结果可以为干旱条件的田间管理技术提供参考。开放式大气 CO_2 浓度升高与水肥互作研究表明,高浓度 CO_2 使冬小麦产量比对照显著增加,平均增加 20.4%。在肥料条件满足的环境下,高浓度 CO_2 与水分对冬

小麦单株产量的正效应作用达到了显著水平，因此在未来高 CO_2 浓度及充足氮肥背景下，充足水分能够促进冬小麦产量的增加。在干旱和湿润的条件下，高浓度 CO_2 对冬小麦产量的促进作用不同。盆栽水分控制结果表明，在湿润条件下，单株产量平均增加 14.2%，在干旱条件下，单株产量平均增加 26.5%。干旱条件下，高浓度 CO_2 对冬小麦单株产量的促进作用比湿润条件下高 10.8%，并且达到了显著水平。因此初步结果显示，相对于湿润条件，干旱条件下高浓度 CO_2 更能够促进冬小麦产量的提高。

四、FACE 设置下 CO_2 高应答品种特征

利用 FACE 系统对三类（大穗型、中间型和多穗型）9 个冬小麦品种进行试验，CO_2 浓度设当前大气 CO_2 浓度（415μmol/mol）和高 CO_2 浓度（550μmol/mol）两个水平，供试材料有大穗型品种（农林 10、陕旱 8675、CA0493 和中麦 175）、中间型品种（京冬 8 号、丰抗 8 号、早洋麦）和多穗型品种（胜利麦和小口红），同期供试小麦品种之多，也是国际较为前沿的研究视角和关注方向。研究结果表明，在高 CO_2 浓度条件下，大穗型品种（16.7%）的产量增幅高于中间型（9.4%）和多穗型（9.7%）。大穗型品种在高 CO_2 浓度下的增产机制在于促进其分蘖数增加，多穗型品种促进其分蘖数和穗粒数增加。冬小麦产量的 CO_2 肥效大小与粒叶比呈正相关关系，说明既与其同化能力相关，也与库容能力相关（贺江等，2023；邸少华等，2012）。

从其不同类型的增产机制出发，研究以抽穗开花期为界划分为营养生长阶段和生殖生长阶段。营养生长阶段关注冬小麦的光合能力和实际量子产量等指标，分析干旱对其影响机制；生殖生长阶段关注冬小麦的灌浆速率和非叶器官的光合能力，从而分析高应答和低应答品种的差异响应机制。

在植株营养生长阶段，通过测定冬小麦水势的季节变化和日变化，拔节孕穗期是冬小麦的关键需水期，灌溉是否及时直接影响有效分蘖的形成。CO_2 浓度升高有助于叶片水势的增加，从而缓解干旱的不利影响。这一方面是通过 CO_2 浓度升高促进 PSII 的电子传递，提高实际量子产量，另一方面 CO_2 浓度升高降低了冬小麦的气孔导度，减少了水分蒸发，提高了水分利用效率，从而缓解干旱胁迫的不利影响。

对于植株生殖生长阶段，在整个灌浆期中，高 CO_2 浓度都促使陕旱 8675 穗粒重的增加，最大增加值达到 253%，最小增重也有 13%。而胜利麦的穗粒重对 CO_2 的肥效基本无响应，说明在高 CO_2 浓度条件下，多穗型品种对高 CO_2 浓度没有响应。同时，小麦主要光合器官的贡献率大小比较：穗光合＞旗叶光合＞倒二叶光合。未来干旱风险增加的情景下，小叶大穗型群体的穗光合对产量的贡献不容忽视。

利用高通量测序技术，我们对产量高应答品种 Norin 10 进行 RNA 序列分析。

研究表明，在高 CO_2 浓度条件下，能量调控、光合代谢途径和光合细胞组成的调控基因过量表达显著增强（表 6-10）。这一结果也得到了逆转录聚合酶链反应（RT-PCR）的实验证实。因此，在未来基因调控和品种培育方面，可以通过调控相应的基因，从而获得更高的产量增幅。

表 6-10　Norin 10 在高 CO_2 浓度条件下过量表达的基因功能

GO-ID 标识物	项	类别	序列号	Over/Under 响应程度
GO：0006091	前体代谢物和能量的生成	生物过程	588	OVER
GO：0009536	质体	细胞组成	785	OVER
GO：0009579	类囊体	细胞组成	425	OVER
GO：0015979	光合作用	生物过程	376	OVER

参 考 文 献

邸少华, 谢立勇, 郝兴宇. 2012. 大气 CO_2 浓度升高对夏大豆叶片生理生化性状的影响. 华北农学报, 27(2): 165-169.

高霁, 郝兴宇, 居辉, 等. 2012. 自由大气 CO_2 浓度升高对夏大豆光合色素含量和光合作用的影响. 中国农学通报, 28(6): 47-52.

韩雪, 郝兴宇, 王贺然, 等. 2012a. 高浓度 CO_2 对冬小麦旗叶和穗部氮吸收的影响. 中国农业气象, 33(2): 197-201.

韩雪, 郝兴宇, 王贺然, 等. 2012b. FACE 条件下冬小麦生长特征及产量构成的影响. 中国农学通报, 36: 154-159.

贺江, 丁颖, 娄向弟, 等. 2023. 水稻分蘖期干物质积累对大气 CO_2 浓度升高和氮素营养的综合响应差异及其生理机制. 中国农业科学, 56(6): 1045-1060.

姜帅, 居辉, 刘勤. 2013. CO_2 浓度升高对作物生理影响研究进展. 中国农学通报, 29(18): 11-15.

李彦生, 金剑, 刘晓冰. 2020. 作物对大气 CO_2 浓度升高生理响应研究进展. 作物学报, 46(12): 1819-1830.

王贺然, 林而达, 韩雪, 等. 2013a. 气候变暖条件对北京地区不同冬小麦品种冬前生长情况的影响. 安徽农业科学, 41(9): 3819-3822.

王贺然, 林而达, 韩雪, 等. 2013b. 华北北部地区应对气候变化的冬小麦品种、播期调整初探. 安徽农业科学, 41(8): 3530-3532.

张馨月, 白家韶, 韩雪, 等. 2023. 华北平原冬小麦田土壤胞外/内酶活性对长期 CO_2 浓度升高的响应. 生态学报, 43(20): 8504-8515.

IPCC. 2022. Summary for policymakers. In: IPCC. Climate Change 2022: Impacts, Adaptation and Vulnerability. Contribution of Working Group II to AR6. New York: Cambridge University Press.

Ritchie P D, Clarke J J, Cox P M, et al. 2021. Overshooting tipping point thresholds in a changing climate. Nature, 592(7855): 517-523.

Yang J, Feng Y, Chi T, et al. 2023. Mitigation of elevated CO_2 concentration on warming-induced changes in wheat is limited under extreme temperature during the grain filling period. Agronomy, 13(5): 1379.

第七章 未来气候变化特征及农业气候风险

第一节 未来气候变化与农业灾害风险

气候变化不仅要明确过去长时间序列已发生的气候条件改变，更要注重未来的发展趋势。我国幅员辽阔，地形地貌多样，受影响的天气和气候系统复杂，对于未来气候变化趋势预估，需要从全球几十个大气环流模式中选择适合我国地理区域特点的气候预估模型，且我国也是世界上受气象灾害影响较为严重的国家，对气象灾害的预估也是农业生产上格外关注的内容（吴天晓等，2023；黄会平，2010）。有学者研究指出，未来 40 年中国气候总体上呈暖干特点，半干旱地区的扩大趋势依然很明显，黄淮海平原将经历最干旱的时段，极端干旱的频率及历时将达最大，干旱仍旧是我国未来几十年将要长期面临的气象灾害（Wu et al., 2022；张晓旭等，2021；郝晶晶等，2010）。由于干旱灾害发生频率高、持续时间长、影响区域广、后延影响大，对生态环境及农业生产的危害也非常大，是世界上影响最广、造成农业经济损失最大的自然灾害之一（刘宪锋和傅伯杰，2021；邓振镛等，2007）。

一、未来气温和降水变化

基于区域气候模式 RegCM3，单向嵌套日本全球模式 MIROC3.2_hires 的高分辨率模拟结果，对华北地区进行了未来气温、降水及极端事件变化的分析。在中等排放情景下（A1B），华北地区区域平均气温在 2010～2099 年以 0.5℃/10a 的速率上升，21 世纪中期和末期分别为 12.5℃和 14.4℃（图 7-1A）。21 世纪中期区域内大部分地区气温较当代升高 3～3.9℃，气温升高幅度基本随纬度分布，区域西南部升温最小，低于 3℃，东北部升温最大，在 3.6～3.9℃。21 世纪末期区域内大部分地区气温较当代升高 4.5～5.8℃，仍然是西南部升温最小，低于 4.8℃，区域北部升温最大，高于 5.5℃。

华北地区区域平均降水量在 2010～2099 年以 2.26mm/a 的速率增加，21 世纪中期和末期区域年日平均降水量分别为 2.29mm/d 和 2.53mm/d（图 7-1B）。21 世纪中期，区域内年平均降水西部大部分地区较当代增加，但增加值较小，增加值大于 20%的区域集中在山西北部及其以北内蒙古部分地区；区域东部年平均降水

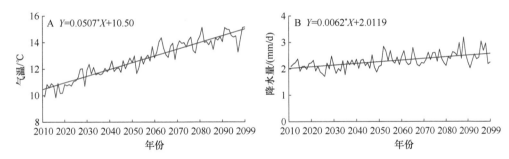

图 7-1　2010～2099 年区域平均气温和降水量的变化

*表示有显著统计学差异（$P<0.05$）

变少或略减少，河北北部、京津大部分地区、山东等地降水变化在±5%，仅在河北东北部和辽宁局部地区有 5%～10%的减少。21 世纪末期，区域降水较当代增加明显，大部分地区增加值超过 10%，区域西部的山西北中部和内蒙古部分地区增加值大于 30%。

二、农业气候风险特征

与气温有关的极端事件的预估结果表明，2010～2099 年霜冻日数（FD）以 4.9d/10a 的速率减少，到 21 世纪中期，区域平均 FD 为 119.9d，FD 较当代基本从高纬度到低纬度减少 20～40d，区域南部当代 FD 为 80～100d 的区域基本减少到 40～60d，区域北部 200～220d 的区域减少到 180～200d（苏芳等，2024；冯建设等，2011）。21 世纪末期，区域平均 FD 数值在 21 世纪中期的基础上减少 20d，为 99.8d，区域内 FD 随纬度和地形较当代减少 35～60d，当代 FD 为 80～100d 的区域减少到 40d 以下，200～220d 的区域减少到 160～180d。

未来 GSL 呈持续增加趋势，2010～2099 年区域平均 GSL 以 4.8d/10a 的速率增加，未来两个时段区域平均 GSL 比当代分别增加 30.4d 和 49.8d，GSL 数值达到 248.2d 和 267.6d。21 世纪中期区域内大部分地区 GSL 较当代增加 20～30d，区域南部河南省 GSL 增加最多，部分地区 GSL 增加 35d 以上，数值达到 320～340d。21 世纪末期，区域内大部分地区 GSL 较当代增加 35～65d，增加幅度在区域内自西北向东南递增，区域西北部内蒙古 GSL 增加最小，为 35～40d，而区域南部的河南和山东南部 GSL 增加>55d。对应当代 GSL 最小值的区域（<160d），21 世纪末期 GSL 增加到 180～200d，当代 GSL 最大值的区域（280～300d），21 世纪末期 GSL 增加到 340d 以上。

对与降水有关的极端事件的分析表明，2010～2099 年区域平均强降水日数 R_{10} 以 0.5d/10a 的速率增加，未来两个时段区域平均 R_{10} 数值分别达到 23.3d 和 25.0d。21 世纪中期较当代区域西部 R_{10} 增加，其中山西西北部部分地区及其和内

蒙古交界地区 R_{10} 增加较明显，达到 4～6d；东部大部分地区 R_{10} 增减幅度＜1d，河北东北部和辽宁交界地区 R_{10} 减少＞2d。21 世纪末期，区域大部分地区较当代 R_{10} 增加，其中区域西部大部分地区增加＞4d，局部地区增加 6d 以上；东部 R_{10} 增加数值较小，辽宁部分地区 R_{10} 减少 1～3d（郭晶等，2008；成林等，2007）。

2010～2099 年区域平均降水强度 SDII 以 0.15mm/(d·10a) 的速率增加，未来两个时段区域平均 SDII 数值分别达到 9.16mm/d 和 9.71mm/d。21 世纪中期区域大部分地区 SDII 较当代增加或变少，仅在河北东北部和辽宁局部地区 SDII 减少＞0.5mm/d。山西北部和内蒙古部分地区 SDII 增加较明显，达到 1～1.5mm/d。21 世纪末期整个区域 SDII 较当代增加，其中山西北中部、河北和山东的大部分地区以及辽宁部分地区 SDII 增加 1～1.5mm/d，局部地区增加 2mm/d 以上。

2010～2099 年区域平均连续 5 日最大降水量 RX_{5day} 以 3.3mm/10a 的速率增加，未来两个时段区域平均 RX_{5day} 数值分别达到 127.7mm 和 141.9mm。21 世纪中期内蒙古、山西北部、河北中南部以及山东部分地区 RX_{5day} 较当代增加 10～40mm，局部地区增加＞40mm；其余大部分地区 RX_{5day} 变化在–10～10mm，局部地区减少 10～30mm。21 世纪末期区域内 RX_{5day} 较当代以增加为主，其中河北东北部和山东中部部分地区增加 50mm 以上。

第二节　华北未来气候干旱变化趋势

一、数据来源和方法

依据未来气候情景数据集 ISIMIP 提供的英国 HadGEM2-ES 模式 RCP 气候情景数据（Warszawski et al.，2013），选用 1971～2000 年时段数据作为 Baseline 情景，以及 2011～2050 年时段的 RCP4.5 和 RCP8.5 情景数据，采用加拿大 ETCCDI 定义的极端气候指数计算方法（王苗等，2021；张晓旭等，2021），对华北地区未来气候风险进行了预估研究，以期为华北地区与农业密切相关的敏感气候风险提供参考。

二、干湿变化特征

同样利用 SPEI 对华北平原未来气候情景下的干旱特征进行分析，见图 7-2。由图可知，各亚区旱情在 2010～2099 年呈加重趋势。在 2010～2040 年，特别是在 2020～2030 年下半叶，各亚区干旱事件少发（偏于湿润），干旱主要发生在亚区Ⅰ～Ⅳ的 2030～2040 年（图 7-2）；在 2040～2070 年前半叶（2040～2055 年），各亚区仍处于偏湿的气候条件，而后半叶（2055～2070 年）各亚区一致表现为干旱频发，旱情逐步加重；在 2070～2099 年，各亚区旱情持续加重，且干旱强度有所加大，而在 2090～2099 年，各亚区又转为偏湿控制。

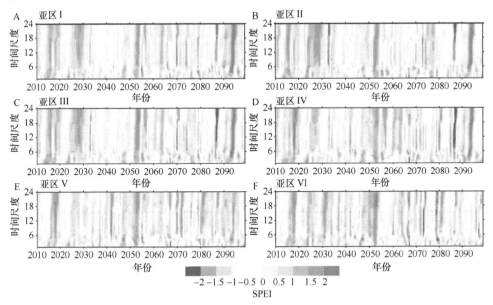

图 7-2　华北平原 2010～2099 年多时间尺度干旱演变

三、干旱特征变化趋势

将 2010～2099 年分为近期（2010～2039 年）、中期（2040～2069 年）和远期（2070～2099 年），表 7-1 比较了华北平原未来干旱发生频次的年代际差异。首先，与 1981～2010 年相比，近期的中度以上干旱次数（SPEI≤–1.0，简称 AM）和重度以上干旱次数（SPEI≤–1.5，简称 AS）呈降低趋势，表明未来 30 年干旱趋势将有所缓解。以 SPEI-PM3 为例，AM 和 AS 次数分别降低了 30.3% 和 55.0%。其次，在未来时段内，各时间尺度干旱发生频次呈快速上升趋势，这与图 7-3 的表现一致，并且自中期开始，干旱频次超出 1981～2010 年水平。以 SPEI-PM6 为例，中期和远期的 AM 事件次数比 1981～2010 年分别提高了 8.4% 和 12.2%。从 AM 与 AS 的比值来看，中期和远期亦更高，表明未来重度以上干旱发生的概率将高于 1981～2010 年。例如，对于 SPEI-PM24，AM 与 AS 的比值由 1981～2010 年的 50.1% 逐渐上升至中期的 58.2% 和远期的 72.0%。

图 7-3 分析了未来 3 个时段干旱持续性和强度相对于 1981～2010 年的变化趋势。由图可知，在 21 世纪前 30 年，即近期时段，干旱持续性和强度皆小于 1981～2010 年。然而，2010～2099 年，干旱持续性和强度呈上升趋势，并且在中期超出 1981～2010 年的水平。与近期比较，干旱持续性和强度最大上升幅度分别发生在

12-月和 24-月，分别上升了 62.2%和 188.1%。

表 7-1   RCP8.5 情景下华北平原 2010～2099 年干旱发生次数的变化

干旱事件类别	时间尺度	1981～2010 年	RCP8.5		
			近期	中期	远期
AM	1-月	1905	1321	2170	2242
AS		623（32.7）	360（27.3）	941（43.4）	1183（52.8）
AM	3-月	1193	832	1371	1430
AS		505（42.3）	227（27.3）	645（47.0）	825（57.7）
AM	6-月	905	605	981	1015
AS		382（42.2）	136（22.5）	483（49.2）	596（58.7）
AM	12-月	523	317	477	530
AS		240（45.9）	72（22.7）	251（52.6）	338（63.8）
AM	24-月	363	217	340	464
AS		182（50.1）	47（21.7）	198（58.2）	334（72.0）

注：AS 行括号内的数字，表示 AS 占 AM 的比例，单位为%

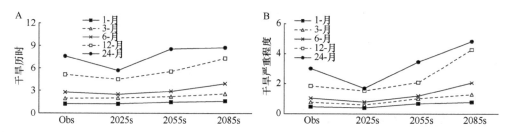

图 7-3   华北平原 2010～2099 年干旱特征的年代际变化特征

Obs. 1981～2010 年；2025s. 2010～2039 年；2055s. 2040～2069 年；2085s. 2070～2099 年

总而言之，华北平原 2010～2099 年头 30 年（2010～2040 年）干旱次数、持续性和强度皆弱于 1981～2010 年时段，但由于未来旱情加重，这些要素在中期和远期将明显高于历史水平。

第三节   未来作物关键生育期干旱特征

一、资料来源和方法

选用英国 Hadley 气候中心发布的在 RCP4.5 和 RCP8.5 情景下 2011～2050 年时段的数据，以及 Baseline 情景下 1971～2000 年时段的数据，根据华北典型站点在未来气候变化情景下，每年自 9 月中旬后 5 日滑动平均温度稳定通过 14～17℃ 的终日，推算了各站点在 RCP4.5 和 RCP8.5 情景下 2011～2050 年的播种期。由于未来气候变暖，某些极端年份由于暖冬积温较高，拔节期异常提前，因此将这些极端年份的播种期温度指标相应减小 1℃，通过积温法推算了两个情景下的拔节期、孕穗期、抽穗期、开花期、乳熟期及成熟期。

二、RCP4.5 情景阶段性干旱特征

未来气候变化情景下华北平原冬小麦需水关键生育阶段水分亏缺量的计算，将作为模型中灌溉量输入的参考。由图 7-4 可以看出，拔节—抽穗期与灌浆期两个阶段水分亏缺量的年际波动较大，但是除商丘和寿县外，未来 40 年水分亏缺的年际变化趋势并不显著。在拔节—抽穗期，天津和莘县仍旧处于一个高水分亏缺的水平，而石家庄则较历史时段相比，水分亏缺明显处于较低水平，临沂和商丘在未来 40 年水分亏缺有先减少后增大的趋势，而寿县则有明显的减少趋势。在开花—乳熟期，水分亏缺较历史时段相比总体上升，除商丘和寿县有减少的趋势外，其他站点并无明显的变化趋势。

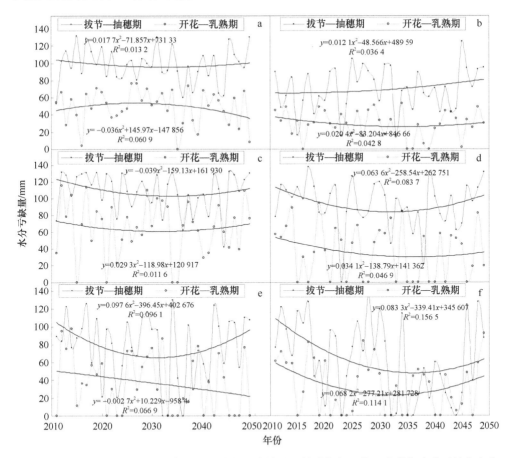

图 7-4　RCP4.5 情景下未来 40 年典型站点冬小麦拔节—抽穗期与开花—乳熟期水分亏缺的变化

a. 天津；b. 石家庄；c. 莘县；d. 临沂；e. 商丘；f. 寿县

三、RCP8.5 情景阶段性干旱特征

从图 7-5 可以看出，RCP8.5 情景下未来 40 年华北平原冬小麦拔节—抽穗期与开花—乳熟期水分亏缺的年际变化，在 RCP8.5 情景下各站点在两个阶段水分亏缺量较 RCP4.5 情景下明显减少，但是各站点并无显著的变化趋势，仅商丘在开花—乳熟期水分亏缺升高，而寿县在两个时期水分亏缺量有降低的趋势。华北平原农业用水量大，水资源不足导致地下水使用过度，近年来，在华北东部平原已经形成了以天津、沧州为中心的大面积深层地下水漏斗区，在太行山前沿京广线，形成了以北京、石家庄等地为中心的浅层地下水漏斗区。在未来冬小麦的实际生产中，以往的大水漫灌的灌溉措施，必定不符合华北平原水资源短缺的实情，结合冬小麦生育阶段的水分亏缺，可以在合适的时间浇适量的水，提高水分

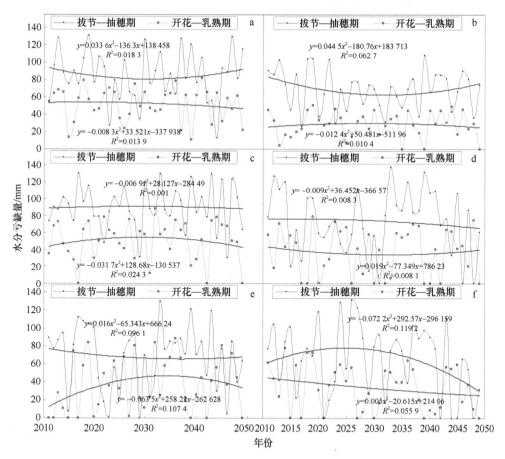

图 7-5　RCP8.5 情景下未来 40 年典型站点冬小麦拔节—抽穗期与开花—乳熟期水分亏缺的变化

a. 天津；b. 石家庄；c. 莘县；d. 临沂；e. 商丘；f. 寿县

利用效率,因此,确定未来气候变化情景下冬小麦需水关键生育阶段水分亏缺量,可以科学合理地制定灌溉措施,在抗旱减灾的基础上,有效利用水资源,促进区域的可持续发展。

由上可见,在 RCP4.5 情景下,除石家庄外,各站点在 2010s～2030s 中后期,冬小麦拔节—抽穗期潜在干旱率均有降低的趋势,所有站点在 2030s 中后期至 2050 年干旱减产率均有增加的趋势。在灌浆期,天津、石家庄和莘县在未来 40 年(2010～2050 年)基本为 2010～2030 年减产率增加,而 2030～2050 年减产率减小的趋势。而临沂、商丘和寿县未来 40 年干旱减产率为降低的趋势。在 RCP8.5 情景下冬小麦拔节—抽穗期华北平原中部与南部地区在 2020～2040 年,潜在干旱减产率有增加的趋势,在 2040s 减产率则为降低的趋势。

第四节　未来干旱情景下小麦减产风险

一、RCP4.5 情景下干旱减产率的年际变化

RCP4.5 情景下拔节—抽穗期潜在干旱减产率的年际变化见图 7-6(A),可以看出,各站点在未来 40 年与历史变化相比,除天津外,拔节—抽穗期的潜在干旱减产率水平略有减小,天津在未来虽然减产率波动幅度不大,但整体在 –50% 上下浮动,干旱减产严重,在 2010s～2030s 中期减产率略有降低的趋势,而 2030s 末期至 2050 年,减产率有明显升高的趋势。石家庄在未来 40 年干旱减产率有增加的趋势,2010～2030 年减产率有明显升高的趋势,在 2030 年左右连续 7 年减产率在 50% 以上,干旱持续严重,2030s 干旱明显减轻,2040s 干旱又有加重的趋势。莘县和临沂在未来 40 年拔节—抽穗期减产率有明显的先降低后升高的趋势,且两个站点在 2030s 中期至 2050 年干旱减产率显著增加。商丘在未来 40 年干旱减产率并无明显的变化趋势,但 2030s 中期至 2050 年干旱减产率也有明显增加的趋势。寿县未来 40 年干旱减产率会显著降低,但是在 2030s 末期干旱也有加重的趋势。总的来说,除石家庄外,各站点在 2010s 至 2030s 中后期,冬小麦拔节—抽穗期潜在减产率均有降低的趋势,莘县和寿县潜在减产率趋势降低明显,而所有站点在 2030s 中后期至 2050 年干旱减产率均有增加的趋势,除石家庄外,趋势非常明显。从图 7-6(B)可以看出,在灌浆期,冬小麦的潜在干旱减产率年际和年代波动不大,基本在 0%～30% 浮动,天津、石家庄和莘县在未来 40 年基本为 2010～2030 年减产率增加,而 2030～2050 年减产率减小的趋势。而临沂、商丘和寿县未来 40 年干旱减产率为降低的趋势,且临沂和寿县降低的趋势明显。

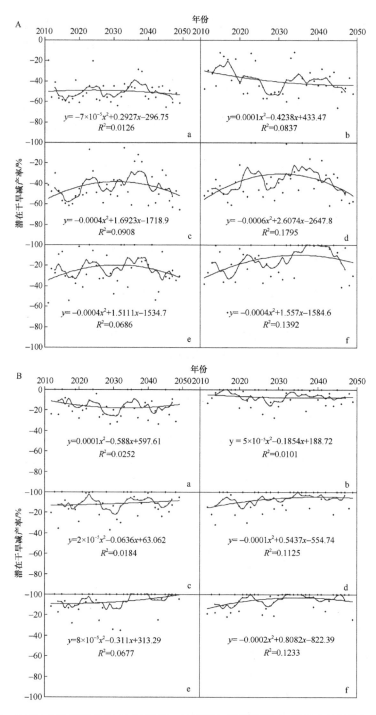

图 7-6　RCP4.5 情景下未来 40 年拔节—抽穗期与灌浆期潜在干旱减产率的年际变化
（A）拔节—抽穗期；（B）灌浆期。a. 天津；b. 石家庄；c. 莘县；d. 临沂；e. 商丘；f. 寿县

二、RCP8.5 情景下干旱减产率的年际变化

RCP8.5 情景下华北冬小麦拔节—抽穗期潜在干旱减产率的年际变化如图 7-7（A）所示，从图可以看出，各站点在未来 40 年并无明显的变化趋势，尤其是天津，减产率的变化趋势平稳，基本在−40%上下浮动，只是 2040s 有小幅波动，与 RCP4.5 情景下相比较，天津的潜在干旱减产率明显降低。莘县、临沂和商丘未来 40 年的变化趋势相似，都是在 2010s～2020s 前期，潜在干旱减产率有降低的趋势，而 2020s 前期到 2040 年，干旱减产率均有显著增加的趋势，到 2040s 减产率又开始有降低的趋势。而寿县则是在 2010s～2030s 减产率有增加的趋势，至 2040s 减产率又有降低的趋势。由图 7-7（B）可以看出，在灌浆期，天津的潜在干旱减产率有明显的增加趋势，莘县和商丘则为 2010s～2030s 中期减产率升高，而 2030s 中期至 2050 年减产率有降低的趋势，石家庄、临沂和寿县则年际变化波动不大，基本在−10%及以下小范围浮动。总的来说，在 RCP8.5 情景下冬小麦拔节—抽穗期华北平原中部与南部地区在 2020s～2030s 的 20 年，潜在干旱减产率有增加的趋势，在 2040s 减产率则为降低的趋势，灌浆期除天津减产率有增加趋势外各站点趋势不明显。

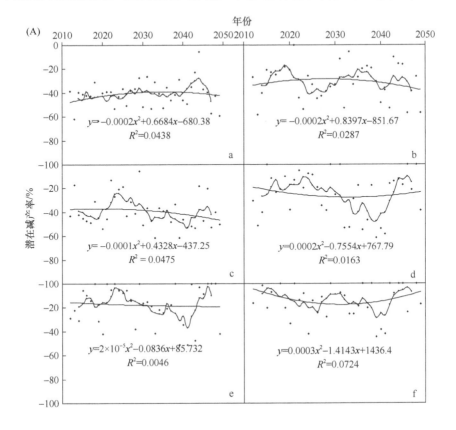

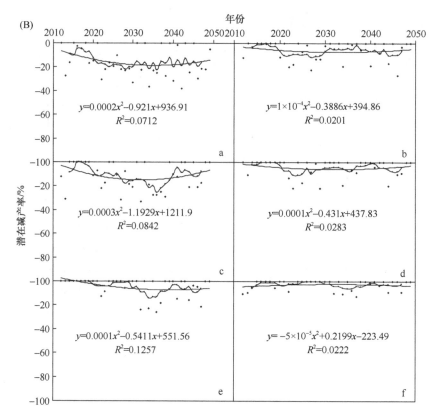

图 7-7　RCP8.5 情景下未来 40 年拔节—抽穗期与灌浆期潜在干旱减产率的年际变化

（A）拔节—抽穗期；（B）灌浆期。a. 天津；b. 石家庄；c. 莘县；d. 临沂；e. 商丘；f. 寿县

三、干旱减产率的累积概率

图 7-8 为 RCP4.5 情景下华北平原冬小麦在未来 40 年拔节—抽穗期与灌浆期潜在干旱减产率的累积概率，随着减产幅度的增加，累积概率逐渐增大。结合本章确定的潜在干旱所造成的减产等级，未来 40 年在冬小麦拔节—抽穗期，造成轻度减产以上的概率，天津为 100%，石家庄、莘县和临沂发生的概率均达到了 85%～90%，而商丘和寿县则分别为 66% 和 39%；造成中度减产以上的概率，从天津到寿县，发生的概率分别为 90%、68%、79%、64%、39% 和 26%；造成重度减产的概率，天津、莘县和临沂分别达到了 68%、58%、42%，而石家庄发生的概率为 37%，商丘和寿县发生的概率则在 10% 以下。在灌浆期，未来 40 年造成轻度减产以上的概率，从天津到寿县分别为 58%、18%、34%、24%、16%、21%，而造成中度以上减产的概率除天津在 10% 以下外，其他站点的概率为 0%。从区域变化上来看，华北平原各典型站点除石家庄外，拔节—抽穗期与灌浆期不同减产程度

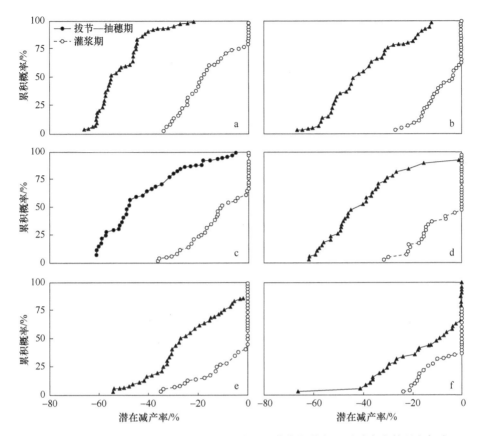

图 7-8　RCP4.5 情景下各站点拔节—抽穗期及灌浆期潜在干旱减产率的累积概率

a. 天津；b. 石家庄；c. 莘县；d. 临沂；e. 商丘；f. 寿县

的累积概率，均呈现由南向北递增的分布，且同等程度的减产，由拔节—抽穗期造成的概率要远远大于由灌浆期造成的概率。

图 7-9 为 RCP8.5 情景下华北平原冬小麦在未来 40 年拔节—抽穗期与灌浆期潜在干旱减产率的累积概率，由图中可以看出，RCP8.5 情景下在两个时期造成不同程度的减产概率普遍低于 RCP4.5 情景下的概率，未来 40 年在冬小麦拔节—抽穗期，造成轻度减产以上的概率，天津到寿县分别为 97%、87%、92%、66%、47%、42%，造成中度减产以上的概率，天津为 84%，石家庄则只有 47%，莘县为 76%，临沂、商丘和寿县分别为 34%、24%、13%，南部地区较 RCP4.5 情景下相比概率明显减小。造成重度以上减产的概率，从天津到临沂分别为 29%、18%、39%、18%，商丘和寿县基本无重度减产。与 RCP4.5 情景下相比华北北部和中部地区概率明显减小。在灌浆期，只有天津和莘县造成了中度以上的减产，概率都不到 10%，而造成轻度以上的减产，从天津到商丘，概率分别为 58%、18%、39%、13%、13%，寿县基本为轻度以下的减产。与 RCP4.5 情景下相比较，RCP8.5 情景下同等程度

的减产由拔节—抽穗期与灌浆期造成的概率差，明显小于 RCP4.5 情景下，这主要是由于在 RCP8.5 情景下两个时段造成的干旱减产率的概率均普遍减小，而拔节—抽穗期概率减小的幅度更大。

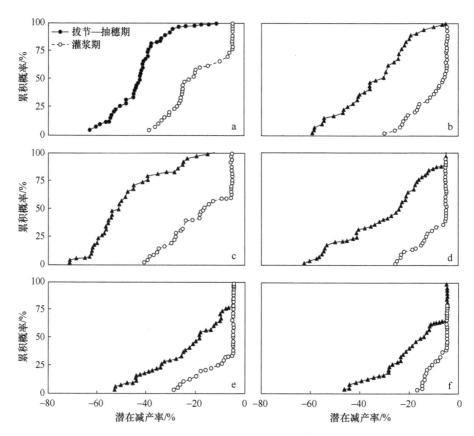

图 7-9 RCP8.5 情景下各站点拔节—抽穗期及灌浆期潜在干旱减产率的累积概率
a. 天津；b. 石家庄；c. 莘县；d. 临沂；e. 商丘；f. 寿县

第五节 不同气候变化的减产风险及应对

一、阶段干旱对冬小麦产量影响风险

在 RCP-Baseline 情景下 1970~2000 年时段，以及 RCP4.5 情景与 RCP8.5 情景下 2011~2049 年时段，各典型站点冬小麦拔节—抽穗期与灌浆期干旱造成的潜在减产率的平均值见图 7-10。RCP4.5 情景下，2011~2049 年冬小麦在拔节—抽穗期，天津的潜在干旱减产率为−49%，石家庄则为−40%，莘县为−43%，临沂为−38%，商丘为−23%，寿县为−15%；在灌浆期，天津的潜在干旱减产率达到了−16%，

石家庄则只有–7%，莘县、临沂、商丘、寿县的干旱减产率分别为–11%、–8%、–7%、–6%。在 RCP8.5 情景下，2011～2049 年冬小麦在拔节—抽穗期，各站点的潜在干旱减产率较 RCP4.5 情景下均有不同程度的降低，天津的减产率为–40%，石家庄则为–31%，莘县为–38%，临沂为–26%，商丘为–18%，寿县为–14%；在灌浆期，天津的干旱减产率仍高达–16%，莘县则达到了–12%，石家庄、临沂、商丘、寿县较 RCP4.5 情景下有所降低，分别为–6%、–5%、–5%、–3%。结合干旱减产等级划分，未来 40 年华北平原冬小麦拔节—抽穗期的干旱对产量的潜在影响非常大，潜在的减产程度严重，在华北平原农业亚区的区域水平[①]上，在 RCP4.5 情景下，Ⅰ区为干旱严重减产区域，Ⅱ区、Ⅲ区、Ⅳ区为重度干旱减产区域，Ⅴ区为中度减产区域，Ⅵ区为轻度减产区域；在 RCP8.5 情景下，Ⅰ区、Ⅱ区、Ⅲ区为重度干旱减产区域，Ⅳ区、Ⅴ区为中度干旱减产区域，Ⅵ区为轻度减产区域。而未来 40 年华北平原冬小麦灌浆期潜在的减产程度较轻，RCP4.5 情景与 RCP8.5 情景下除天津为中度干旱减产区域外，其他区域均为轻度干旱减产区域。

总的来说，与 Baseline 基准时段相比较，未来 RCP4.5 情景下，在冬小麦拔节—抽穗期，Ⅰ区、Ⅱ区、Ⅲ区、Ⅳ区的潜在干旱减产率均升高，干旱风险增大，而Ⅴ区、Ⅵ区的干旱减产率则降低，干旱风险减小；灌浆期则是Ⅰ区、Ⅲ区的干旱风险增大，其他亚区的风险均减小。在 RCP8.5 情景下，冬小麦拔节—抽穗期只有Ⅲ区的潜在干旱减产率升高，因此，除了Ⅲ区干旱风险增加，其他亚区的干旱风险均减小；灌浆期与 RCP4.5 情景下一致，Ⅰ区、Ⅲ区的干旱风险增大，其他亚区的风险均减小。

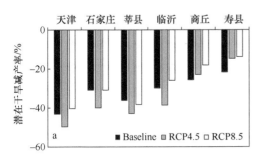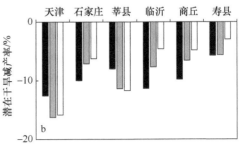

图 7-10　典型站点拔节—抽穗期（a）与灌浆期（b）的潜在干旱减产率

结果表明，华北平原在春、夏两季随着温度的升高有干旱化的趋势，而春旱是华北平原影响冬小麦生产的主要灾害，而且文中结论表明 RCP4.5 情景下，在冬小麦拔节—抽穗期，Ⅰ区、Ⅱ区、Ⅲ区、Ⅳ区的干旱风险较基准时段增大，这

① 区域划分参见本书第一章第一节，华北平原分为以下 6 个农业亚区：Ⅰ区，燕山太行山山前平原水浇地二熟区；Ⅱ区，环渤海滨海外向型二熟农渔区；Ⅲ区，海河低平原缺水水浇地二熟兼旱地一熟区；Ⅳ区，鲁西平原水浇地二熟兼一熟区；Ⅴ区，黄淮平原南阳盆地水浇地旱地二熟区；Ⅵ区，江淮平原麦稻二熟区。

说明春旱对于未来情景下华北中部及北部区域冬小麦生产的不利影响在增大，因此在未来气候变化情景下华北平原，尤其是北部地区及中部地区，应注重春旱的防灾减灾工程，在农业生产中不但要建立极端天气气候事件与自然灾害的早期预警系统，完善区域性农业科学管理与生产决策支撑体系，也应通过选择抗旱性较强的品种及调整耕种方式和管理措施，尤其是针对华北平原春季干旱的灌溉设施等对策来适应气候变化（葛全胜等，2009），另外，还应通过开发节水灌溉技术及高效用水技术，加强农业水资源的利用，建立以区域、流域和水文地质单元为单位的高度协调的水资源管理系统。

二、不同区域冬小麦未来气候风险影响差异

在未来气候变化情景下，由于气候变暖，冬小麦的播种期推迟，成熟期提前。未来 40 年华北平原在 RCP4.5 情景下各站点冬小麦适应播种期均明显推迟，RCP8.5 情景下，各站点拔节期、开花期和成熟期均显著提前。

在 RCP4.5 情景下，除石家庄外，各站点在 2010s～2030s 中后期，冬小麦拔节—抽穗期潜在干旱率均有降低的趋势，所有站点在 2030s 中后期至 2050 年干旱减产率均有增加的趋势。在灌浆期，天津、石家庄和莘县在未来 40 年基本为 2010～2030 年减产率增加，而 2030～2050 年减产率减小的趋势。而临沂、商丘和寿县未来 40 年干旱减产率为降低的趋势。在 RCP8.5 情景下冬小麦拔节—抽穗期华北平原中部与南部地区 2020～2040 年，潜在干旱减产率有增加的趋势，在 2040s 减产率则为降低的趋势。华北平原各典型站点除石家庄外，拔节—抽穗期与灌浆期不同减产程度的累积概率，均呈现由南向北递增的分布。且同等程度的减产，由拔节—抽穗期造成的概率要远远大于由灌浆期造成的概率。RCP8.5 情景下在两个时期造成不同程度的减产概率普遍低于 RCP4.5 情景下的概率，RCP8.5 情景下同等程度的减产由拔节—抽穗期与灌浆期造成的概率差，明显小于 RCP4.5 情景下的概率差，这主要是由于在 RCP8.5 情景下两个时段造成的干旱减产率的概率均普遍减小，而拔节—抽穗期概率减小的幅度更大。

未来 40 年华北平原冬小麦拔节—抽穗期干旱潜在的减产程度严重，在 RCP4.5 情景下，Ⅰ区为干旱严重减产区域，Ⅱ区、Ⅲ区、Ⅳ区为重度干旱减产区域，Ⅴ区为中度减产区域，Ⅵ区为轻度减产区域；在 RCP8.5 情景下，Ⅰ区、Ⅱ区、Ⅲ区为重度干旱减产区域，Ⅳ区、Ⅴ区为中度干旱减产区域，Ⅵ区为轻度减产区域。而灌浆期干旱潜在的减产程度较轻，RCP4.5 情景与 RCP8.5 情景下除天津为中度干旱减产区域外，其他区域均为轻度干旱减产区域。与 Baseline 基准时段相比较，在冬小麦拔节—抽穗期，RCP4.5 情景下，Ⅰ区、Ⅱ区、Ⅲ区、Ⅳ区的干旱风险增大，而Ⅴ区、Ⅵ区的干旱风险减小；在 RCP8.5 情景下，只有Ⅲ区干旱风险增加，

其他亚区的干旱风险均减小；灌浆期两个情景一致，Ⅰ区、Ⅲ区的干旱风险增大，其他亚区的风险均减小。

分析认为，RCP8.5 情景下各区域冬小麦拔节—抽穗期干旱对产量的潜在影响水平较 RCP4.5 情景下均降低，这主要是由于 RCP8.5 情景下气温虽然较 RCP4.5 情景下普遍升高，但是华北平原有相当大的区域在 RCP8.5 情景下较基准时段比 RCP4.5 情景下降水有所增加，因此降水的增加导致的干旱减弱，大于温度升高所带来的不利影响，因此，在 RCP8.5 情景下华北平原大部分区域冬小麦干旱风险总体较 RCP4.5 情景下降低。

参 考 文 献

成林, 刘荣花, 申双和, 等. 2007. 河南省冬小麦干旱规律分析. 气象与环境科学, 30(4): 3-6.

邓振镛, 张强, 尹宪志, 等. 2007. 干旱灾害对干旱气候变化的响应. 冰川冻土, 29(1): 114-118.

冯建设, 王建源, 王新堂, 等. 2011. 相对湿润度指数在农业干旱监测业务中的应用. 应用气象学报, 22(6): 766-772.

葛全胜, 曲建升, 曾晶晶, 等. 2009. 国际气候变化适应战略与态势分析. 气候变化研究进展, 5(6): 369-375.

郭晶, 吴举开, 李远辉, 等. 2008. 广东省气候干湿状况及其变化特征. 中国农业气象, 29(2): 157-161.

郝晶晶, 陆桂华, 闫桂霞, 等. 2010. 气候变化下黄淮海平原的干旱趋势分析. 水电能源科学, 28(11): 12-14.

黄会平. 2010. 1949～2007 年全国干旱灾害特征、成因及减灾对策. 干旱区资源与环境, 24(11): 94-98.

刘宪锋, 傅伯杰. 2021. 干旱对作物产量影响研究进展与展望. 地理学报, 76(11): 2632-2646.

苏芳, 刘钰, 陈律凡, 等. 2024. 气候变化对中亚五国粮食安全的影响. 中国科学: 地球科学, 54(1): 281-293.

王苗, 刘敏, 任永建. 2021. 基于高分辨率模拟数据RCP4.5 情景下的华中区域气候变化预估. 气象与环境学报, 37(3): 65-72.

吴天晓, 李宝富, 郭浩, 等. 2023. 基于优选遥感干旱指数的华北平原干旱时空变化特征分析. 生态学报, 43(4): 1621-1634.

张冬峰, 韩振宇, 石英. 2017. CSIRO-Mk3.6.0 模式及其驱动下 RegCM4.4 模式对中国气候变化的预估. 气候变化研究进展, 13(6): 557-568.

张晓旭, 孙忠富, 郑飞翔, 等. 2021. 基于作物水分亏缺指数的黄淮海平原夏玉米全生育期干旱分布特征. 中国农业气象, 42(6): 495-506.

Warszawski L, Friend A, Ostberg S, et al. 2013. A multi-model analysis of risk of ecosystem shifts under climate change. Environmental Research Letters, 8(4): 044018.

Wu J, Cheng G, Wang N, et al. 2022. Spatiotemporal patterns of multiscale drought and its impact on winter wheat yield over North China Plain. Agronomy, 12(5): 1209.

第八章　未来气候变化对冬小麦产量影响的模拟

气候变化对农业影响评估主要有两方面：其一是基于长时间序列的气象观测资料，通过指标计算分析气候变化对农作物生长环境（如农业气候资源、气象灾害、种植制度等）的影响（李克南等，2013；李勇等，2010；刘志娟等，2010；杨晓光等，2010；赵锦等，2010）。其二是基于长时间序列的田间观测资料和气象数据资料，通过数学统计模型或者作物机理模型，分析气候变化对农作物本身（如生育期、产量等）的影响。但数学统计模型以气候要素变化是粮食产量波动主要原因为前提，需要采用不同的方法（如线性趋势法、一阶差分法等）剔除气候影响以外的贡献，但不同剔除方法是否真实反映了农业生产的实际情况存在较大疑问，不同方法得出的结论出入较大（史文娟等，2012）。而作物模拟模型综合考虑了气象、土壤、品种和田间管理因素，从作物对这些要素的响应机理出发，动态模拟作物在特定条件下的生长发育和产量，因此作物模型与气候模式的耦合评估是研究气候变化影响最具前景的手段（郭建平，2015）。本章利用 CERES-Wheat模型分析未来 RCP8.5 情景下气候变化对冬小麦产量的影响，并剥离气温、辐射、降水和 CO_2 肥效作用在近期（2010～2039 年）、中期（2040～2069 年）和远期（2070～2099 年）对产量变化的相对贡献，以期明确未来冬小麦产量的主要影响要素和限制性因素。

第一节　数据资料与模型方法

一、田间管理资料

为了对 CERES-Wheat 模型遗传参数进行调试和验证，从黄淮海平原农业气象站历史资料中，依据同一品种种植 3 年以上、管理方式明确（包括施肥和灌溉的量、方式和日期）和空间分布均匀的原则，以研究亚区为单元，选择研究区域内6 个站点进行参数的调试和验证工作。选取的 6 个站点地理分布见表 8-1。所选站点的田间管理资料和观测资料均来源于国家气象信息中心，包括播种日期、发育期、播种密度、灌溉、施肥以及产量和产量构成要素。表 8-1 介绍了各站点用于参数调试和验证的年份、品种名称、平均生育期以及产量等。对应站点的土壤剖面理化信息来源于中国土壤数据库典型剖面理化性质数据库，包括模型土壤所需的层次相对厚度（cm）、颗粒组成（%）、有机质（g/kg）、全氮（g/kg）、pH 和阳离子交换量［cmol/kg（＋）］等信息。

表 8-1 CERES-Wheat 模型调参站点基本信息

站点	亚区	生长季	品种	播种日期（月.日）	开花期/d	成熟期/d	产量/（kg/hm²）
深州	I	2003，2004，2005，2007，2009*	石新 733	10.07	210	244	4285
宝坻	II	1996*，1997*，2000，2001，2002，2004	京冬 8 号	10.03	220	254	5300
惠民	III	2004，2005，2006，2007，2008*	鲁麦 23	10.12	201	234	4586
淄博	IV	2002*，2005，2006	济麦 20	10.12	205	236	5271
宿州	V	2001，2002，2003，2004*	皖麦 19	10.15	191	225	5122
淮安	VI	2001*，2002*，2004，2005，2006，2007	温麦 6	10.21	180	214	5460

*表示该年份用于模型参数验证

二、气象资料

未来气候情景数据选用英国 Hadley 气候中心发布的在 HadGEM2-ES 模式驱动下的 RCP 气候情景数据（Warszawski et al.，2014），本章选用了基准期（1976～2005 年）时段数据，以及 RCP8.5 情景近期（2010～2039 年）、中期（2040～2069 年）和远期（2070～2099 年）数据。本套数据已经被广泛应用于我国干旱农业影响评估以及区域农业干旱脆弱性评价方面（Leng et al.，2015；Li et al.，2015；徐建文等，2014）。与区域模拟配套的网格化土壤剖面资料来自 Li 等（2015），包括模型土壤所需的层次相对厚度（cm）、颗粒组成（%）、有机质（g/kg）、全氮（g/kg）、pH 和阳离子交换量［cmol/kg（＋）］等信息。

三、CERES 作物模型

（一）CERES 模型对水肥胁迫的模拟

通常来说，在土壤水分亏缺情况下当作物根系吸水能力低于作物潜在蒸腾量（potential transpiration）时，作物实际的蒸腾速率将通过气孔关闭的方式下降至根系最大吸水量，生物量产率（光合速率）也以相同的速度下降，降低速率为根系最大吸水量与潜在蒸腾量比值（SWDF）（Ritchie et al.，1998）。这种由于水分亏缺导致气孔关闭对生物量产率的影响，模型中采用 SWDF1 来表示。当 SWDF 大于 1 时，即根系吸水量多于潜在蒸腾量，SWDF1 等于 1。根系供水不足也会引起不同器官组织细胞膨压降低，进一步影响茎、叶、分蘖等器官的膨大生长，这种由于水分亏缺导致细胞膨压降低对膨大生长的影响，模型中以 SWDF2 来表示。细胞膨压对水分亏缺的敏感性高于气孔开闭，因此在模型中假设当 SWDF 小于 1.5

时就会影响器官的膨大生长（图 8-1）。

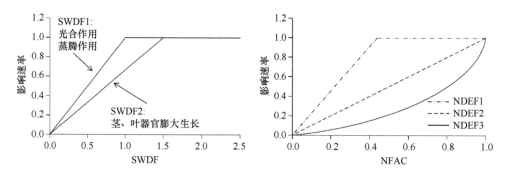

图 8-1　CERES 模型模拟的水分亏缺系数和氮素亏缺指数与影响速率的关系

作物对氮素的需求包括临界氮浓度（TCNP）和最低氮浓度（TMNC）两个概念。临界氮浓度为在当前条件下适宜作物生长的最佳浓度。当组织氮浓度小于临界氮浓度，作物的生长过程将会受到影响；当组织氮浓度小于最低氮浓度，则所有生长活动停止。通常来说，作物实际氮浓度（TANC）介于 TCNP 和 TMNC 之间（Godwin and Singh，1998）。模型通过三者的关系计算氮素亏缺指数（NFAC）[式（8.1）]。与水分胁迫一致，不同植物生长过程对氮素胁迫的响应并不对等。在 CERES 模型中，分别采用三种不同的氮素胁迫影响曲线反映氮素亏缺指数（NFAC）对单位面积光合作用的影响（NDEF1）、作物器官膨大生长的影响（NDEF2）和分蘖速率的影响（NDEF3）（图 8-1）。

$$NFAC = 1.0 - \frac{TCNP - TANC}{TCNP - TMNC} \tag{8.1}$$

（二）CERES 模型对生物量增长的模拟

在 CERES 模型中，各器官的同化物分配比例与作物的生长阶段有关，因此在不同生育阶段，作物的主要生长器官不同。植株每日潜在生物量增长（PCARB，g/m^2）由截获的光合有效辐射（IPAR，MJ/m^2）和辐射利用效率（RUE，g/MJ）决定：

$$PCARB = RUE \times IPAR \tag{8.2}$$

截获的光合有效辐射（IPAR）由当日的总光合有效辐射（PAR）和叶面积指数（LAI）共同决定：

$$IPAR = PAR \times \left[1 - \exp(-k \times LAI)\right] \tag{8.3}$$

式中，k 为消光系数，在 CERES-Wheat 模型中消光系数为 0.85。

由于受到温度、水分和氮素的胁迫作用，作物每日的生物量增长将小于PCARB。对于温度胁迫，模型首先通过最高温度（T_{MAX}）和最低温度（T_{MIN}）加权计算日间温度（T_{DAY}）：

$$T_{DAY} = 0.75 \times T_{MAX} + 0.25 \times T_{MIN} \qquad (8.4)$$

然后由下式计算相应的温度胁迫因子（PRFT）：

$$PRFT = 1 - T_C \times (T_{DAY} - T_0)^2 \qquad (8.5)$$

式中，T_C 为经验系数；T_0 为白天最适温度。不同作物之间 T_0 差异较大，对小麦而言，CERES-Wheat 模型设置的 T_0 为 18℃，玉米则为 26℃。同时，考虑水分胁迫因子（SWDF1）和氮素胁迫因子（NDEF1）对光合作用速率的影响，作物实际日生物量增加量（CARBO）为：

$$CARBO = PCARB \times \min(PRFT, SWDF1, NDEF1, 1) \qquad (8.6)$$

（三）CERES 模型对叶片扩张和衰老的模拟

作物实际日生物量增加量取决于环境胁迫、光合有效辐射和叶面积指数，环境影响因子和光合有效辐射可通过模型输入的要素计算，而叶面积指数是一个动态变化的过程，与生育阶段有关，不同生育阶段决定叶片是否生长以及多少生物量分配至叶器官。在 CERES 模型中，叶片实际扩展速率（PLAG）取决于最大扩张速率（PLAMO）和环境胁迫因子：

$$PLAG = \min(TEMF, SWDF2, NDEF2) \times PLAMO \qquad (8.7)$$

式中，PLAG 为叶片实际扩展速率，cm^2/d；与光合作用一样，叶片扩张也受到温度、水分和氮肥的胁迫。对于温度胁迫（TEMF）而言，胁迫因子的计算方法与式（8.5）一致，但 T_0 比光合最适温度高 3℃，即对于叶片扩张小麦和玉米的最适温度分别为 21℃ 和 29℃；而水肥胁迫则分别采用 SWDF2 和 NDEF2，因为叶片扩张对水肥胁迫的敏感性要高于光合；PLAMO 为最适条件下叶片扩张速率，cm^2/d，通过计算相邻两天潜在叶面积（PLAM）的差异而来，模型中 PLAM 通过如下经验公式计算：

$$PLAM = 6000 \times \exp\left[-10.34 \times \exp(-PLC \times LN)\right] \qquad (8.8)$$

式中，PLC 为常数；PLAM 为在存在 LN 片叶的情况下最大可能达到的叶面积，cm^2。

在 CERES 模型中，叶片衰老是不可忽略的过程。在 CERES-Wheat 和 CERES-Barley 中，模型设定为当植株主茎存在 4 片以上叶片时，叶片衰老过程就会发生，也就是说只有最新的 4 片新叶保持生长而其他老叶进入衰亡。考虑叶片衰亡的过程，叶面积指数（LAI）即可通过下式计算：

$$LAI = \frac{(PLA + PLAG - SENLA)}{10\,000} \times PLANTS \qquad (8.9)$$

式中，PLA 为绿叶面积，cm^2；SENLA 为叶片衰老面积，cm^2；PLANTS 为植株密度，株/m^2。

（四）CERES 模型对 CO_2 肥效作用的模拟

作物在高 CO_2 浓度的生长环境中表现为更高的净光合速率，CO_2 浓度增高同时也会导致作物叶面气孔关闭，从而降低单位叶面积的蒸腾作用，有利于提高作物的水分利用效率（姜帅等，2013a；谢立勇和林而达，2007）。通过控制气室试验和大田试验，Kimball（1983）指出当 CO_2 浓度由 300ppm（$1ppm=10^{-6}$）升高到 600ppm 时，主要粮食作物的单产增幅为 33%±6%。Long 等（2006）在 CO_2 浓度为 550ppm 的气室条件下的研究表明，作物的生物量和产量大幅度提高，C_3 作物（水稻、小麦和大豆）生物量提高 27%，产量增加 24%，C_4 作物（玉米）的产量增加 27%。在 CERES 模型中，为了模拟 CO_2 浓度变化影响，模型设置了不同浓度 CO_2 对光合作用的影响系数（CO2F）。在考虑 CO_2 肥效作用下，作物实际日生物量增加量则为：

$$CARBO = PCARB \times \min(PRET, SWDF1, NDEF1, 1) \times CO_2F \qquad (8.10)$$

以小麦为例，模型设定 330ppm 为 CO_2 常规浓度，当低于 330ppm 时，光合作用则会受到限制；当高于 330ppm 时，光合速率以一定比例上升，但最大不超过 1.5 倍（表 8-2）（Rosenzweig and Iglesias，1998）。

表 8-2　CERES-Wheat 模型设定的不同浓度 CO_2 对光合速率的影响

CO_2 浓度	0ppm	220ppm	330ppm	440ppm	550ppm	660ppm	770ppm	880ppm	990ppm	9999ppm
光合作用倍数（CO2F）	0.00	0.71	1.00	1.08	1.17	1.25	1.32	1.38	1.43	1.50

注：本表数据来自 Rosenzweig 和 Iglesias（1998）

（五）遗传参数及其验证

本章采用 DSSAT——Genotype Coefficient Calculator 模块对黄淮海平原各亚区的冬小麦品种进行参数率定，主要参数如下。

（1）P1V：最适温度条件下通过春化阶段所需天数，d。

（2）P1D：光周期参数，%。

（3）P5：籽粒灌浆期积温，℃·d。

（4）G1：开花期单位株冠质量的籽粒数，No./g。

（5）G2：最佳条件下标准籽粒质量，mg。

（6）G3：成熟期非胁迫下单株茎穗标准干质量，g。

（7）PHINT：完成一片叶生长所需积温，℃·d。

在 Genotype Coefficient Calculator 模块中，P1V 和 P1D 可由开花期确定；P5 可由开花期和成熟期确定；G1、G2 和 G3 可分别由单位面积籽粒数、千粒重和单位面积穗数确定，但由于农业气象站产量构成数据缺失，本章采用单产数据进行参数调试；PHINT 的确定需要不同时期的叶片数，由于农业气象站观测记录的缺失，将 PHINT 设定为模型默认的 95℃·d。调参时，首先调试与生育期相关的参数，即 P1V、P1D 和 P5；确定生育期参数后，再根据实际单产数据，进一步确定 G1、G2 和 G3。

值得注意的是，模型调试的参数不仅取决于田间试验资料，也与土壤剖面参数有关。由于目前田间尺度的土壤剖面理化属性观测较少，不同研究采用的土壤理化数据来源并不相同，因此在推广应用调试的模型参数时，应首先确定土壤剖面信息是否一致。本章不同农业气象站点的土壤剖面理化数据来自联合国粮食及农业组织（FAO）和维也纳国际应用系统分析研究所（IIASA）所构建的世界土壤数据库（Harmonized World Soil Database，HWSD；其中中国境内数据为第二次全国土地调查南京土壤研究所所提供的 1：100 万土壤数据）。

在检验模型的适用性时，使用相对均方根误差（NRMSE）来计算模拟的误差：

$$\text{NRMSE} = \left[\frac{\sum_{i=1}^{n} \left(\text{sim}_i - \text{obs}_i \right)^2}{n} \right]^{0.5} \bigg/ \overline{\text{obs}} \qquad (8.11)$$

式中，sim_i 为模拟值；obs_i 为实测量；$\overline{\text{obs}}$ 为平均值；n 为样本容量。根据 Jones 等（1998）模拟的开花期和成熟期，NRMSE 应控制在 5% 以内，产量的 NRMSE 应控制在 15% 以内。

第二节　模型遗传参数验证及模拟设计

一、模拟设计

（一）模型管理措施设定

CERES-Wheat 模型以日为步长在给定的土壤和气象条件下，模拟水、肥胁迫对小麦生长的影响。本研究只考虑气候要素变化的影响，因此模拟过程中不考虑肥料胁迫。同时，为充分考虑气候变化背景下水分条件变化的影响，水分条件设置为雨养条件。由于气候变暖，冬小麦适宜播种期会发生明显变化，因此需对不同时段播种期进行推算。研究表明，我国华北平原北、中、南三个不同分区冬小麦播种期分别与 16℃终日、15℃终日和 14℃终日相关性较好（Jiang et al.，2022；王培娟等，2014）。为简便起见，本研究采用 5 日滑动平均法设定每年平均气温稳定通过 15℃终日为适宜播种期，即在一年中任意连续 5d 日平均气温的平均值大于 15℃的最长一段时期内，于最后一个 5d 中挑选最末一个日平均气温大于或等于 15℃的日期作为播种期。随着时间推移，未来冬小麦适宜播期呈提前的态势。本研究通过建立黄淮海不同年代播期栅格面，然后将其提取至每个格点，由此设定不同年代的适宜播期。

（二）不同气象要素的影响剥离设计

为识别气候要素整体变化和分离某一气候要素单一变化对黄淮海平原冬小麦的影响，设置了以下 5 种模拟情景（表 8-3）。S_0 模拟了基准期气候条件下的冬小麦生育进程和雨养产量；S_1 模拟了在基准期条件下仅引入 RCP8.5 情景下的温度变化时冬小麦的产量，通过与 S_0 对比，可分析未来不同时段温度要素的单一变化对冬小麦产量的影响；S_2 模拟了在基准期条件下引入 RCP8.5 情景下的温度和辐射后冬小麦的产量，通过与 S_1 对比，可分析辐射要素的单一变化对冬小麦产量的影响；S_3 模拟了在基准期条件下引入 RCP8.5 情景下的温度、辐射和降水共同变化时冬小麦的产量，通过与 S_2 对比，可分析降水要素的单一变化对冬小麦产量的影响，同时与 S_0 相比可分析气候要素综合变化对冬小麦产量的影响（不考虑 CO_2 肥效作用）；S_4 模拟了在基准期条件下引入 RCP8.5 情景下的温度、辐射、降水和 CO_2 浓度后冬小麦的产量，通过与 S_3 对比，可分析未来 CO_2 浓度增高的肥效作用对冬小麦产量的影响，同时与 S_0 相比可分析在考虑 CO_2 肥效作用时气候要素综合变化对冬小麦产量的影响。

表 8-3 CERES-Wheat 模型的气候要素影响剥离模拟设计

情景	最高温度（T_{MAX}）	最低温度（T_{MIN}）	辐射（SRAD）	降水（PRCP）	说明
S_0	Baseline	Baseline	Baseline	Baseline	模拟基准期条件下冬小麦产量
S_1	RCP8.5	RCP8.5	Baseline	Baseline	与 S_0 相比可分析温度单一变化对产量的影响
S_2	RCP8.5	RCP8.5	RCP8.5	Baseline	与 S_1 相比可分析辐射单一变化对产量的影响
S_3	RCP8.5	RCP8.5	RCP8.5	RCP8.5	模拟温度、辐射和降水变化时冬小麦的产量，与 S_2 相比可分析降水单一变化对产量的影响，与 S_0 相比可分析气候要素综合变化对冬小麦产量的影响
S_4	RCP8.5	RCP8.5	RCP8.5	RCP8.5	模拟输入条件与 S_3 一致，但是考虑 CO_2 的肥效作用

各要素变化对产量的影响可由以下公式表示。F_T、F_S、F_P 和 F_C 则分别表示温度、辐射、降水和 CO_2 浓度升高对冬小麦产量的单独影响；F_{ALL} 和 F_{ALL-C} 分别表示不考虑 CO_2 和考虑 CO_2 肥效作用下气候要素的整体变化对冬小麦产量的影

响。Y_{si}表示模拟情景S_i的产量水平（$i=0,1,2,3,4$）

$$F_{\text{T}} = \frac{Y_{S_1} - Y_{S_0}}{Y_{S_0}} \times 100\% \qquad (8.12)$$

$$F_{\text{S}} = \frac{Y_{S_2} - Y_{S_1}}{Y_{S_0}} \times 100\% \qquad (8.13)$$

$$F_{\text{P}} = \frac{Y_{S_3} - Y_{S_2}}{Y_{S_0}} \times 100\% \qquad (8.14)$$

$$F_{\text{ALL}} = \frac{Y_{S_3} - Y_{S_0}}{Y_{S_0}} \times 100\% \qquad (8.15)$$

$$F_{\text{C}} = \frac{Y_{S_4} - Y_{S_3}}{Y_{S_0}} \times 100\% \qquad (8.16)$$

$$F_{\text{ALL-C}} = \frac{Y_{S_4} - Y_{S_0}}{Y_{S_0}} \times 100\% \qquad (8.17)$$

二、模型遗传参数验证

以研究亚区为单元,选择研究区域内 6 个站点进行参数的调试和验证工作(选取站点的基本信息见表 8-1)。模型模拟的产量(HWAM)、播种—成熟天数(MDAP)和播种—开花天数（ADAP）与农气站实际观测值的对比见图 8-2，可知通过对模型遗传参数进行调试之后，模拟值与实测值较为一致，均匀分布在 1∶1 线两侧。通过对比可以发现，模型对生育阶段的模拟效果较产量更好。表 8-4 为各站点品种参数以及模拟值与实测值的相对均方根误差（NRMSE）。整体上来看，调试的品种参数能够有效地模拟出不同地区冬小麦的生育进程和产量，各站点模拟值与实测值的 NRMSE 在模型可接受的范围之内（生育进程应在 5%以内，产量应在 15%以内）。

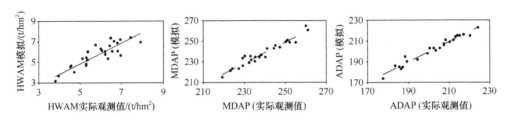

图 8-2　模拟的产量、成熟期天数和开花天数与实际观测值比较

表 8-4　CERES-Wheat 模型调试的品种参数及对应的相对均方根误差（NRMSE）

站点	亚区	P1V	P1D	P5	G1	G2	G3	PHINT	NRMSE/%		
									ADAP	MDAP	HWAM
深州	I	19.6	38.8	557.0	30.0	65.0	1.9	95.0	0.9	1.1	6.8
宝坻	II	13.2	63.3	634.1	17.2	46.3	1.4	95.0	1.2	1.3	10.7
惠民	III	13.7	57.9	560.2	29.0	64.2	1.1	95.0	0.9	0.8	11.4
淄博	IV	9.1	79.0	602.4	20.9	43.8	1.0	95.0	0.3	0.9	11.5
宿州	V	15.0	63.0	583.1	15.4	57.4	1.2	95.0	1.3	1.5	8.9
淮安	VI	10.1	62.0	685.3	16.0	50.5	1.1	95.0	1.9	1.4	6.0

注：采用模型自带的参数估计工具 GLUE（Generalized Likelihood Uncertainty Estimation）对参数进行调试

第三节　未来冬小麦生长季内气候要素与生育期的变化

一、气候要素的变化

根据模型输出的生育期内气象要素的平均值，比较了生育期内各气象要素（最高温度、最低温度、太阳辐射量和降水量）在未来不同时段与基准期的变化幅度。在未来气候变化情景下，近、中、远期冬小麦生育期内最高温度分别升高了 0.54℃、2.18℃和 3.89℃，最低温度分别升高了 0.36℃、1.68℃和 3.63℃，生育期内太阳辐射量分别升高了 1.74%、4.89%和 2.36%，降水量分别升高了 16.58%、28.57%和 49.37%（表 8-5）。各要素变化幅度的空间分布具有不同特征。对于最高温度和最低温度，区域整体上呈增温趋势，北部增温幅度高于南部。增温幅度随时间推移逐渐增大，近期增温幅度大部分在 2℃以内，中期全区域的最高温度和北部的最低温度增温幅度达到 3℃，远期大部分区域的最高温度和北部的最低温度增温幅度达到 5℃。对于生育期内太阳辐射量，区域整体上呈增多趋势，增多幅度控制在 10%以内，且各时间段区域南部存在辐射量降低的格点，特别是近期，区域南部大部格点的辐射量降低。生育期内降水量呈逐渐增多趋势，近期大部分区域增幅为 20%以下，而在远期大部分区域增幅达到 40%以上。

具体到各农业亚区①（表 8-5），I 区增温幅度最低，近、中、远期最高温度增温幅度分别为 0.11℃、1.51℃和 3.02℃；II 区（III 区）增幅较高，各时段增温分别达到 0.86（0.83℃）、2.47（2.68℃）和 4.24（4.36℃）。对于最低温度，I 区的增温幅度亦小于其他区域，在近期最低温度下降了 0.72℃，中期和远期分别增高了 0.54℃和 2.47℃，III 区和 IV 区增幅最高，各时段分别达到 0.71（0.79℃）、2.24

---

① 农业亚区划分参见本书第一章第一节。

（2.13℃）和4.23（4.05℃）。生育期内太阳辐射量呈增加趋势，整体上呈北部亚区高于南部亚区，Ⅰ区的增加幅度最高，各时段分别达到5.37%、6.25%和4.16%，而位于平原南部的Ⅵ区在近期和远期甚至呈降低趋势，各时段的变化幅度分别为−3.73%、0.78%和−0.63%。降水量在各亚区呈上升趋势，各亚区未来近期时段降水量增加幅度在10.07%～22.32%，中期时段为18.19%～36.69%，远期增加幅度达到31.06%～58.80%。

表 8-5　RCP8.5 情景下各亚区冬小麦生育期内气象要素变化

亚区	最高温度变化/℃			最低温度变化/℃			辐射量变化/%			降水量变化/%		
	近期	中期	远期	近期	中期	远期	近期	中期	远期	近期	中期	远期
Ⅰ	0.11	1.51	3.02	−0.72	0.54	2.47	5.37	6.25	4.16	18.03	36.69	58.59
Ⅱ	0.86	2.47	4.24	0.55	1.97	4.07	3.73	5.09	3.78	10.07	30.62	31.06
Ⅲ	0.83	2.68	4.36	0.71	2.24	4.23	2.19	4.25	2.20	16.54	32.15	58.80
Ⅳ	0.41	2.17	4.05	0.79	2.13	4.05	2.00	4.48	2.53	22.32	36.23	57.94
Ⅴ	0.63	2.26	3.96	0.38	1.62	3.52	0.85	4.26	2.10	18.84	23.54	55.06
Ⅵ	0.41	2.00	3.68	0.44	1.60	3.44	−3.73	0.78	−0.63	13.66	18.19	34.77
区域平均	0.54	2.18	3.89	0.36	1.68	3.63	1.74	4.89	2.36	16.58	28.57	49.37

二、生育期的变化

在气候变暖背景下，无论是田间观测的结果还是模型模拟的结果皆表明冬小麦生育期呈缩短趋势（Xiong et al.，2012）。本研究发现，未来RCP8.5情景下冬小麦开花期和成熟期均有不同幅度提前，冬小麦播种—开花天数（ADAP）和播种—成熟天数（MDAP）皆呈缩短趋势（图8-3），且幅度随着时间推移呈加大趋势。与基准期相比，冬小麦播种—成熟天数在近期、中期和远期分别缩短了4天、15天和25天；冬小麦播种—开花天数则分别缩短了4天、15天和24天。具体来看，Ⅲ区生育进程的缩短幅度最大，播种—成熟天数在近期、中期和远期分别缩短了7天、19天和29天；播种—开花天数分别缩短了6天、19天和28天；Ⅰ区生育进程的缩短幅度最小，由于该区最低温度在近期相比于基准期有降低趋势，播种—成熟天数、播种—开花天数在2010～2039年呈延长趋势，分别延长了2天和3天，随后由于温度增高，播种—成熟天数在中期和远期分别缩短了9天和19天，播种—开花天数分别缩短了9天和19天。

此外，由图8-3可知，尽管ADAP和MDAP皆呈缩短趋势，但是开花—成熟天数并未有显著缩短。Xiao等（2015）在分析华北地区1981～2009年冬小麦生育期变化研究中同样发现，在全生育期缩短的背景下，冬小麦灌浆期未发生显著变化，甚至有些站点灌浆期延长，其将此现象归因为冬小麦的自适应作用。本研究结果表明，这种自适应作用在未来 RCP8.5 情景下同样使对产量至关重要的开花—成熟期维持了充足的天数。此外，观测记录表明，由于开花期和成熟期的提前，开花—成熟期的温度呈降低趋势（Wang et al.，2013；Xiao et al.，2015；肖登攀等，2014）。因此某一生育阶段长短对气候变暖的响应值得深入研究。

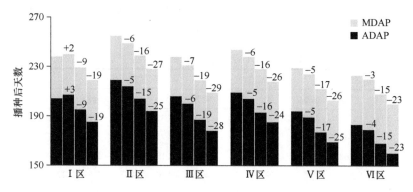

图 8-3　RCP8.5 情景下冬小麦生育进程的变化

各区域柱状图由左至右分别表示基准期、近期（2010～2039 年）、中期（2040～2069 年）和远期（2070～2099 年）

第四节　未来气候变化对冬小麦产量的影响

一、气候要素变化的影响

通过比较在不考虑 CO_2 肥效作用时未来 RCP8.5 情景下不同时段温度（F_T）、辐射（F_S）、降水量（F_P）和各要素综合变化（F_{ALL}）对冬小麦雨养产量的影响（相较于基准期）发现，首先，温度单一变化的影响在各时段均表现出明显的南北差异，即冬小麦生育期内温度升高对产量的影响呈南正北负，并且随着时间推移，北部地区负面影响越来越大，南部地区正面影响越来越大，呈两极分化的态势。具体到农业亚区（表 8-6，F_T），冬小麦生育期内温度升高对产量的影响在 I～IV

表 8-6　RCP8.5 情景下气象要素单一变化对冬小麦产量的影响　　（%）

亚区	F_T			F_S			F_P			F_{ALL}		
	近期	中期	远期	近期	中期	远期	近期	中期	远期	近期	中期	远期
I	−3.65	−8.23	−11.47	4.85	3.36	5.94	7.01	17.11	31.39	8.21	12.25	25.85
II	−10.40	−22.89	−30.28	7.01	8.48	14.72	7.53	17.85	23.62	4.13	3.44	8.06
III	−10.71	−22.14	−25.06	7.41	7.12	9.43	11.14	17.01	34.20	7.84	1.99	18.58
IV	−10.08	−16.97	−14.58	6.16	4.96	9.70	27.18	32.61	48.74	23.26	20.61	43.87
V	0.20	4.18	7.03	4.25	1.64	4.35	14.23	15.22	26.91	18.68	21.04	38.28
VI	7.07	17.87	24.88	1.75	3.81	2.44	5.75	3.68	7.59	14.57	25.36	34.91
区域平均	−4.78	−8.03	−8.25	5.24	4.90	7.76	12.14	17.25	28.74	12.78	14.12	28.26

区呈现负面作用，并对黄淮海平原冬小麦产量整体造成 4.78%（近期）、8.03%（中期）和 8.25%（远期）的减产。负面影响呈逐年上升的趋势。而位于研究区域南部的 V 和 VI 区则呈增产效应，并随年代推移增产效应越大，以 VI 区为例，各年代的增产作用分别为 7.07%、17.87% 和 24.88%。

辐射量的单一变化对黄淮海平原冬小麦产量整体上呈正向作用，未来太阳辐射量增多有利于冬小麦产量的提高，且由于南部地区太阳辐射量呈部分降低趋势，这种正向作用在北部地区略高于南部。辐射量变化的增产幅度在近期和中期大部分研究区域控制在 10% 以内，而在远期，研究区域东北部的增产幅度在 10%～20%。具体到农业亚区（表 8-6，F_S），冬小麦生育期内辐射量增多对各亚区产量均呈正向影响，使未来各年代区域平均产量分别增加 5.24%、4.90% 和 7.76%，且位于北部的 I～IV 区的正向作用高于位于南部地区的 V 区和 VI 区。

降水量的单一变化对黄淮海平原冬小麦产量整体上亦呈正向作用，未来降水量增多有利于冬小麦产量的提高，并且由于降水量增幅不断加大，这种正向作用亦随年代而加大。具体到农业亚区（表 8-6，F_P），由于 IV 区降水量增幅最大（表 8-5），其对产量的影响也最大，各年代分别达到 27.18%、32.61% 和 48.74%。但是位于南部的 VI 区由于本身水资源条件较好，因此降水量增加对产量提升作用不明显，各年代由降水导致的增产幅度分别为 5.75%、3.68% 和 7.59%。从研究区域整体上看，冬小麦生育期内降水量增多使各年代区域平均产量分别增加 12.14%、17.25% 和 28.74%，高于辐射量变化的影响，是黄淮海平原气候变化影响的主导因素。

在不考虑 CO_2 肥效影响下，气候变化对冬小麦产量呈区域性的正向作用，但是由于北部地区温度升高对产量有降低作用，加上降水量的正向作用呈中间高两头低，气候变化的正向作用在中部地区较高；在中期，由于北部地区升温的负面影响进一步加剧，抵消了辐射和降水在北部地区的正面作用，北部部分区域的气候变化综合影响呈负面作用；在远期，尽管北部地区升温的负面影响仍在加大，但是由于降水量增多的决定性影响，以及辐射量变化正向作用的叠加，北部地区的气候变化综合影响转负为正。具体到农业亚区（表 8-6，F_{ALL}），未来 RCP8.5 气候变化情景使各年代区域平均产量分别增加 12.78%、14.12% 和 28.26%，各亚区亦呈正向作用，且随着时间推移气候变化的影响越大。

二、CO_2 的肥效作用

从 CO_2 浓度升高的单一影响来看，当浓度由基准时段的 380ppm 分别上升到未来近期、中期和远期的 423ppm、571ppm 和 798ppm 时，对全区域冬小麦的产量有明显的正向肥效作用，并且随着浓度升高，肥效作用越大。在近期，CO_2 浓度升高对冬小麦产量提升幅度区域平均水平为 3.55%，对 V 区的提升幅度最大，达到 6.46%；在中期，CO_2 肥效作用对产量有较大幅度提升，区域平均水平为 16.84%，同样对 V 区的提升幅度最为明显，达到 30.34%；而随着 CO_2 浓度的倍增，在 798ppm 时（即远期），CO_2 肥效作用对产量提升幅度达到 40.36%，产量上升幅度最大的 V 区甚至达到 90.19%（表 8-7）。由此可见，CO_2 的肥效作用在水分条件较好的南部地区明显优于水分条件较差的北部地区。

显然，在考虑 CO_2 的肥效作用后，气候要素的整体变化对黄淮海地区冬小麦产量的提升幅度将更大。考虑 CO_2 肥效作用后，气候变化对区域冬小麦产量在近、中、远期将分别提高到 16.22%、31.19% 和 68.41%（表 8-7）。

表 8-7　RCP8.5 情景下 CO_2 肥效作用对冬小麦产量的影响

亚区	F_C			F_{ALL-C}		
	近期	中期	远期	近期	中期	远期
I	3.79	17.98	40.84	12.00	30.23	66.69
II	2.88	18.92	11.08	6.35	21.81	17.83
III	3.07	9.05	28.78	9.43	10.67	43.85
IV	2.41	8.88	30.62	16.87	21.69	57.89
V	6.46	30.34	90.19	37.76	65.60	154.33
VI	2.67	15.88	40.64	14.88	37.12	69.89
区域平均	3.55	16.84	40.36	16.22	31.19	68.41

注：F_C. CO_2 浓度单一变化对冬小麦产量的影响；F_{ALL-C}. 考虑 CO_2 肥效作用及气候变化的整体影响

第五节　气候要素影响的综合比较分析

一、升温对冬小麦产量的负效应

基于作物模型分析了未来 RCP8.5 情景下气候要素的单一变化对冬小麦产量的影响，研究表明冬小麦生育期内增温对区域冬小麦产量的影响表现为南正北负，但在整体上使区域冬小麦产量于近、中、远期分别减产 4.78%、8.03% 和 8.25%。

通常来说，由于低纬度地区作物生长的最适温度已经达到，温度升高对该地区作物产量具有负效应，而对中高纬地区的作物产量有正效应（钟融等，2022；Xiong et al.，2012）。Tao 等（2014）指出我国北方地区冬小麦产量对气候变暖呈正向敏感，而我国南方冬小麦产量与温度呈负相关关系。本章指出，增温对黄淮海平原北部地区产生减产效应，南部则为增产。

　　研究认为在黄淮海平原，冬小麦生育期内温度的升高有利于冬小麦达到最适温度，使其产量提高，但增温也会带来农田蒸散量的加大，使本身就缺水的黄淮海平原水资源矛盾进一步加剧，对冬小麦生产会造成不利影响。因此增温的实际作用需考虑有利和不利两方面，本章通过模拟增温对雨养产量的影响，充分考虑有利和不利两方面。而前述基于农气站资料的统计研究，仅考虑了增温的有利方面，而增温加剧水分亏缺的不利影响被田间灌水消除，因此其结论为增温对冬小麦产量有提升作用。

　　由此可以看出，对于黄淮海平原，干旱缺水是影响冬小麦适应未来气候变化的限制因素，充足的水分条件有利于冬小麦充分利用增加的热量资源。

二、辐射和降水增加对产量的正效应

　　基于作物机理模型，在未来 RCP8.5 情景下，黄淮海平原冬小麦生育期内的太阳辐射量在近、中和远期将分别上升 1.69%、4.24%和 2.36%。进一步，利用作物模型剥离太阳辐射量单一变化的影响研究表明，未来冬小麦生育期内辐射量增加将使近、中和远期的冬小麦产量分别增产 5.24%、4.90%和 7.76%。此结论与其他基于作物机理模型（Xiong et al.，2012）或者统计模型（Tao et al.，2014）的结论基本一致，皆表明作物产量与辐射量呈正相关关系。通常来说，生育期内辐射量增加有利于提高作物光合速率和积累光合物质，并最终导致作物干物质和产量的提高（Tao et al.，2008）。然而，通过比较辐射增加前后（即模拟情景 S_1 和 S_2）的相对湿润度指数发现（图 8-4），在未来冬小麦生育期内太阳辐射量增加的条件下，黄淮海平原大部分格点的相对湿润度指数有所降低，即太阳辐射量的增加引起农田蒸散量加大，区域水分亏缺加重，对冬小麦产量造成不利影响。因此，黄淮海区域水资源的缺乏不仅降低了该区域冬小麦对未来增加的热量资源的有效利用，也限制了冬小麦对增加的辐射量的充分利用。

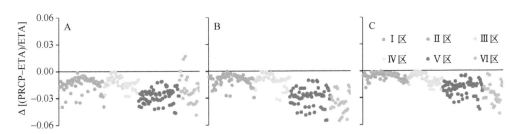

图 8-4　RCP8.5 情景下辐射量增加后相对湿润度指数的变化
A. 近期；B. 中期；C. 远期。Δ［（PRCP–ETA）/ETA］. 相对湿润度指数

水资源是黄淮海平原农业生产的主要限制因素（梅旭荣等，2013），因此未来

气候模式预测的降水量增加对该区域冬小麦生产有利。本章研究结论表明，RCP8.5 情景下冬小麦生育期内降水在近、中和远期分别将分别增加 16.73%、28.64%和 50.09%，降水量的单独变化使冬小麦产量在未来不同时段分别提高 12.14%、17.25%和 28.74%，并且从增产幅度来说，未来降水量增加对冬小麦产量的影响起主导作用。

需要注意的是，该结论只针对冬小麦雨养产量而言，其他基于长时间序列农气站观测数据（即灌溉条件下）的研究表明（Tao er al.，2014；Xiao and Tao，2014；Zhang et al.，2013；Xiong et al.，2012），降水量的变化对冬小麦产量的作用并不明显。一方面，这是由于过去几十年区域降水量变化并不显著，因此累积影响不大（Xiong et al.，2012）；另一方面，由于农气站冬小麦一般具有充分的灌溉条件，因此降水量变化引起的产量波动会受到灌溉水的弥补。因此，本章降水量变化对冬小麦的影响高于其他研究结论。

三、CO_2 浓度增高的生理影响

作物在高 CO_2 浓度的生长环境中表现为更高的净光合速率，CO_2 浓度增高同时也会导致作物叶面气孔关闭，从而降低单位叶面积的蒸腾作用，有利于提高作物的水分利用效率（Rosenzweig and Iglesias，1998）。通过控制气室试验和大田试验，Kimball（1983）指出当 CO_2 浓度由 300ppm 升高到 600ppm 时，主要粮食作物的单产增幅为 33%±6%，增幅与本研究通过模型模拟的 CO_2 肥效作用较为一致。本研究指出，CO_2 肥效作用在未来近（423ppm）、中（571ppm）、远期（798ppm）将分别使冬小麦产量提高 3.55%、16.84%和 40.36%。CO_2 肥效和未来降水增加的作用是黄淮海平原未来冬小麦雨养产量提高的决定性因素。

虽然作物模型能够对土壤-植物-大气进行综合动态模拟，但模型内部机理的设定主要来自密闭或开顶式气室量化结果，许多模拟过程均基于特定的前提假设及限制，因此对 CO_2 肥效作用的模拟依然存在一些不确定性，如 CO_2 浓度对杂草、病虫害的影响，田间管理技术对 CO_2 肥效的影响等（姜帅等，2013a）。近期 FACE 研究表明，CO_2 浓度升高对作物的增产效应仅能实现以往气室试验的一半，认为以往气室研究可能过高估计了 CO_2 对产量的促进作用。同时，CO_2 肥效也与水肥条件有关。CO_2 浓度升高与水分互作的结果表明，CO_2 浓度升高后可能通过多种途径改善干旱胁迫影响，CO_2 肥效在干旱地区表现得更加明显（姜帅等，2013b）。因此，在利用作物模型模拟 CO_2 肥效过程中，应更加注重结合大田试验的结论，从 CO_2 影响机理角度解释 CO_2 的肥效作用，研究和探索不同区域、不同品种以及不同生产水平之间的作物反应差异。

参 考 文 献

郭建平. 2015. 气候变化对中国农业生产的影响研究进展. 应用气象学报, 26(1): 1-11.

姜帅, 居辉, 韩雪, 等. 2013a. CO_2 肥效及水肥条件对作物影响研究进展. 核农学报, 27(11): 1783-1789.

姜帅, 居辉, 吕小溪, 等. 2013b. CO_2 浓度升高与水分互作对冬小麦生长发育的影响. 中国农业气象, 34(4): 403-409.

李克南, 杨晓光, 慕臣英, 等. 2013. 全球气候变暖对中国种植制度可能影响Ⅷ——气候变化对中国冬小麦冬春性品种种植界限的影响. 中国农业科学, 46(8): 1583-1594.

李勇, 杨晓光, 王文峰, 等. 2010. 全球气候变暖对中国种植制度可能影响Ⅴ.气候变化对中国热带作物种植北界和寒害风险的影响分析. 中国农业科学, 43(12): 2477-2484.

刘志娟, 杨晓光, 王文峰, 等. 2010. 全球气候变暖对中国种植制度可能影响Ⅳ.未来气候变暖对东北三省春玉米种植北界的可能影响. 中国农业科学, 43(11): 2280-2291.

梅旭荣, 康绍忠, 于强, 等. 2013. 协同提升黄淮海平原作物生产力与农田水分利用效率途径. 中国农业科学, 46(6): 1149-1157.

史文娇, 陶福禄, 张朝. 2012. 基于统计模型识别气候变化对农业产量贡献的研究进展. 地理学报, 67(9): 1213-1222.

王培娟, 梁宏, 谢东辉, 等. 2014. 气候变暖对华北冬小麦返青前热量条件的影响. 麦类作物学报, 34(1): 54-63.

肖登攀, 陶福禄, 沈彦俊, 等. 2014. 华北平原冬小麦对过去 30 年气候变化响应的敏感性研究. 中国生态农业学报, 22(4): 430-438.

谢立勇, 林而达. 2007. 二氧化碳浓度增高对稻、麦品质影响研究进展. 应用生态学报(3): 659-664.

徐建文, 居辉, 刘勤, 等. 2014. 黄淮海平原典型站点冬小麦生育阶段的干旱特征及气候趋势的影响. 生态学报, 34(10): 2765-2774.

杨晓光, 刘志娟, 陈阜. 2010. 全球气候变暖对中国种植制度可能影响Ⅰ.气候变暖对中国种植制度北界和粮食产量可能影响的分析. 中国农业科学, 43(2): 329-336.

赵锦, 杨晓光, 刘志娟, 等. 2010. 全球气候变暖对中国种植制度可能影响Ⅱ.南方地区气候要素变化特征及对种植制度界限可能影响. 中国农业科学, 43(9): 1860-1867.

钟融, 任永康, 王培如, 等. 2022. 晋南地区冬小麦生育期气候变化特征及其对产量的影响. 生态学杂志, 41(1): 81-89.

Godwin D C, Singh U. 1998. Nitrogen balance and crop response to nitrogen in upland and lowland cropping systems. Understanding Options for Agricultural Production, 55-77.

Jiang T, Wang B, Xu X, et al. 2022. Identifying sources of uncertainty in wheat production projections with consideration of crop climatic suitability under future climate. Agricultural and Forest Meteorology, 319: 108933.

Jones J W, Tsuji G Y, Hoogenboom G, et al. 1998. Decision support system for agrotechnology transfer: DSSAT v3. Understanding Options for Agricultural Production, 157-177.

Kimball B A. 1983. Carbon dioxide and agricultural yield an assemblage and analysis of 430 prior observations. Agronomy Journal, 75(5): 779-788.

Leng G, Tang Q, Rayburg S. 2015. Climate change impacts on meteorological, agricultural and hydrological droughts in China. Global and Planetary Change, 126: 23-34.

Li Y, Huang H, Ju H, et al. 2015. Assessing vulnerability and adaptive capacity to potential drought for winter-wheat under the RCP 8.5 scenario in the Huang-Huai-Hai Plain. Agriculture, Ecosystems & Environment, 209: 125-131.

Long S P, Ainsworth E A, Leakey A D B, et al. 2006. Food for thought: Lower-than-expected crop yield stimulation with rising CO_2 concentrations. Science, 312(5782): 1918.

Ritchie J T, Singh U, Godwin D C, et al. 1998. Cereal growth, development and yield. Understanding Options for Agricultural Production, 79-98.

Rosenzweig C, Iglesias A. 1998. The use of crop models for international climate change impact assessment. Understanding Options for Agricultural Production, 267-292.

Tao F, Yokozawa M, Liu J, et al. 2008. Climate-crop yield relationships at province scale in China and the impacts of recent climate trend. Climate Research, 38(1): 83-94.

Tao F, Zhang Z, Xiao D, et al. 2014. Responses of wheat growth and yield to climate change in different climate zones of China, 1981-2009. Agricultural and Forest Meteorology, 189: 91-104.

Wang J, Wang E, Feng L, et al. 2013. Phenological trends of winter wheat in response to varietal and temperature changes in the North China Plain. Field Crops Research, 144: 135-144.

Wang X, Li L, Ding Y, et al. 2021. Adaptation of winter wheat varieties and irrigation patterns under future climate change conditions in Northern China. Agricultural Water Management, 243: 106409.

Warszawski L, Frieler K, Huber V, et al. 2014. The Inter-Sectoral Impact Model Intercomparison Project (ISI-MIP): Project framework. Proceedings of the National Academy of Sciences, 111(9): 3228-3232.

Xiao D, Moiwo J P, Tao F, et al. 2015. Spatiotemporal variability of winter wheat phenology in response to weather and climate variability in China. Mitigation and Adaptation Strategies for Global Change, 20(7): 1191-1202.

Xiao D, Tao F. 2014. Contributions of cultivars, management and climate change to winter wheat yield in the North China Plain in the past three decades. European Journal of Agronomy, 52: 112-122.

Xiong W, Holman I, Lin E, et al. 2012. Untangling relative contributions of recent climate and CO_2 trends to national cereal production in China. Environmental Research Letters, 7(4): 044014.

Zhang X, Wang S, Sun H, et al. 2013. Contribution of cultivar, fertilizer and weather to yield variation of winter wheat over three decades: A case study in the North China Plain. European Journal of Agronomy, 50: 52-59.

第九章　冬小麦灌溉对干旱的减损能力及抗逆增产技术

华北平原是我国水资源严重不足的地区之一，在冬小麦拔节、抽穗与灌浆的需水关键期（4～5月），同期降水量仅占需水量的 1/5～1/4，水分亏缺量达 200mm 左右（徐建文等，2014；梅旭荣等，2013），因此在冬小麦生产实践中干旱灾害频发，干旱缺水是该区域冬小麦生产的限制性因素（Bao et al.，2023）。目前，关于该区域干旱影响的研究表明，冬小麦雨养单产仅能达到潜在单产的 6～7 成（徐建文等，2015），并且随着未来气候变化，干旱的影响将不断加重（Li et al.，2017）。因此，明晰未来气候情景下冬小麦干旱的潜在影响以及不同灌溉措施的补偿能力，对华北平原农业生产适应气候变化具有重要意义。本章基于 CERES-Wheat，在明晰未来不同时段干旱对冬小麦潜在减产率影响的基础上，分析了灌 1 水、2 水和 3 水对冬小麦单产的补偿能力，为优化冬小麦灌溉方案提供科学依据。根据中国农作制黄淮海平原半湿润暖温灌溉集约农作区划（刘巽浩，2002），将黄淮海平原分为 6 个农业亚区：Ⅰ区，燕山太行山山前平原水浇地二熟区；Ⅱ区，环渤海滨海外向型二熟农渔区；Ⅲ区，海河低平原缺水水浇地二熟兼旱地一熟区；Ⅳ区，鲁西平原水浇地二熟兼一熟区；Ⅴ区，黄淮平原南阳盆地水浇地旱地二熟区；Ⅵ区，江淮平原麦稻二熟区。

第一节　灌溉减损能力评估方法

一、灌溉措施的设计

本章通过调整冬小麦总灌溉次数以达到不同灌溉措施的补偿能力比较。冬小麦传统灌溉方法和原则如下。

（1）冬灌：浇越冬水要适时，"只冻不消，冬灌晚了；夜冻日消，冬灌正好；不冻不消，冬灌早了"。冬灌时机以气温作为指标，一般在平均气温 7～8℃时开始到平均气温 5℃结束。

（2）春季灌水：拔节水，拔节期是一个很特殊的肥水管理时期，是小麦由营养生长转向营养生长和生殖生长并进的关键时期。由于生长快，因而需水需肥多。合理的水肥管理能够有效促进大蘖成穗、促进小花分化、减少小穗数退化（秦晓晨等，2018）。

（3）后期灌水：灌浆水，促进小麦籽粒形成，加快灌浆速度，提高粒重。灌浆期必须注意风雨，防止倒伏。

本章设计五大类模拟方式（表 9-1）。其中，"模拟 1"为无水分胁迫条件下冬小麦产量，即潜在产量；"模拟 2"为无灌溉条件下冬小麦产量，即雨养产量；"模拟 3"设定为全区域单次水，分为 3 种类型，即只灌越冬水、只灌拔节水、只灌灌浆水；"模拟 4"为全区域灌 2 水，分为 3 种类型：拔节水+灌浆水、越冬水+灌浆水、越冬水+拔节水；"模拟 5"为全区域灌 3 次水，即越冬水+拔节水+灌浆水。根据黄淮海平原农业气象站点灌溉量统计，每一次灌溉量设为 60mm。

表 9-1   CERES-Wheat 模型区域模拟灌溉设计

模拟	方法		说明
	水分限制	灌溉方式	
1	关闭	—	潜在产量
2	开启	无灌溉	雨养产量
3	开启	全区域 1 水	分为 3 种类型：只灌越冬水、只灌拔节水、只灌灌浆水
4	开启	全区域 2 水	分为 3 种类型：拔节水+灌浆水、越冬水+灌浆水、越冬水+拔节水
5	开启	全区域 3 水	越冬水+拔节水+灌浆水

二、播期和灌溉期的确定

由于气候变暖，冬小麦生育进程会发生显著变化，因此具体灌溉日期需要根据气候条件进行调整。

（1）未来不同时期冬小麦越冬水灌溉日期的确定，设定每年 5 日滑动平均气温稳定通过 8℃终日为越冬水灌溉日期。

（2）拔节水灌溉日期，通常来说，当日平均气温上升到 10℃后，小麦开始拔节，因此设定 5 日滑动平均气温稳定通过 10℃初日为拔节水灌溉日期。

（3）开花水灌溉日期的确定。由于 CERES-Wheat 模型能够直接输出开花期，直接采用模型输出的开花期当天进行开花水的灌溉。

研究推算了基准期和未来 RCP8.5 情景下不同时段的越冬水灌溉日期、拔节水灌溉日期和灌浆水灌溉日期。基准期黄淮海平原大部分地区越冬水灌溉日期大部分在全年第 305～325 天，而随着气候变暖，近期（2010～2039 年）黄淮海大部分地区越冬水灌溉日期推迟 5d 左右，到远期（2070～2099 年）推迟至全年第 320～350 天。基准期黄淮海平原大部分地区拔节期在全年第 86～94 天，而随着气候变暖，未来近期时段黄淮海大部分地区拔节期提前 4d 左右，到远期提前至全年第 66～82 天。与拔节期一致，冬小麦开花期也呈明显的提前趋势。在基准期条件下，区域开花期在全年第 117～138 天，在近期提前至全年第 110～131 天，中期提前至全年第 96～124 天，而远期将提前至全年第 89～110 天。

三、减产率、补偿能力和灌溉水产量提升效率计算方法

$$
\begin{cases}
\text{减产率}: I_{i,j} = \dfrac{Y_{1,j} - Y_{i,j}}{Y_{i,j}} \times 100\% \quad i = 2,3,4,5; \ j = \text{基准期,近期,中期,远期} \\[2mm]
\text{补偿能力}: \Delta I_{i,j} = I_{2,j} - I_{i,j} \quad i = 2,3,4,5; \ j = \text{基准期,近期,中期,远期} \\[2mm]
\text{灌溉水产量提升效率}: P_{i,j} = \dfrac{\Delta I_{i,j}}{W_i} \quad i = 2,3,4,5; \ j = \text{基准期,近期,中期,远期}
\end{cases}
$$

减产率：不同灌溉处理情况下冬小麦生育期内水分亏缺对产量造成的影响（单位：%）。其中，$I_{i,j}$ 表示第 i 个处理在 j 时段的干旱减产率；$Y_{1,j}$ 为模拟 1 处理下 j 时段冬小麦产量（即潜在产量）；$Y_{i,j}$ 为第 i 个处理在 j 时段的冬小麦产量。若 $i=2$，$Y_{2,j}$ 表示 j 时段冬小麦雨养产量，则 $I_{2,j}$ 表示 j 时段冬小麦的干旱潜在减产率。

补偿能力：采取一定灌溉措施后的干旱减产率相比于潜在减产率的提升幅度（单位：%）。其中，$\Delta I_{i,j}$ 表示第 i 种灌溉措施条件在 j 时段的补偿能力；$I_{2,j}$ 表示 j 时段的冬小麦干旱潜在减产率；$I_{i,j}$ 表示采取第 i 种灌溉措施条件下 j 时段的冬小麦干旱减产率。

灌溉水产量提升效率：不同灌溉处理下单位用水量的补偿能力，由 P 表示（单位：%/mm）。其中，$P_{i,j}$ 表示采取第 i 种灌溉措施条件下在第 j 时段的灌溉水产量提升效率；W_i 则表示第 i 种灌溉措施条件下的总灌溉量。

第二节 不同灌溉措施的补偿能力

一、干旱对冬小麦产量的潜在影响

从冬小麦区域干旱潜在减产率的空间分布来看，区域潜在减产率呈明显的南北差异，北部区域潜在减产率高于南部，南部区域减产率在 30% 以下，而北部在 40% 以上；从减产率演变趋势来看，干旱的潜在减产率呈加重趋势。在基准期，黄淮海北部大部分格点潜在减产率在 50%～60%；近期，黄淮海北部大部分格点潜在减产率则上升至 60%～70%；而在中期和远期，黄淮海北部大部分潜在减产率普遍高于 70%。

具体来看（表 9-2），黄淮海平原干旱对冬小麦造成的潜在减产率在基准、近、中、远期分别为 41.58%、47.31%、53.54% 和 50.92%。从亚区尺度上看（表 9-2），

Ⅰ～Ⅳ区的潜在减产率高于区域平均水平，其中Ⅲ区的潜在减产率最大，从基准期到远期分别达到 59.10%、68.64%、74.35%和 69.42%。而Ⅴ区和Ⅵ区的干旱潜在减产率小于区域平均水平，Ⅴ区的潜在减产率在基准期和未来不同年代分别为 31.86%、33.56%、41.05%和 34.89%，位于研究区域最南端的Ⅵ区潜在减产率在所有亚区中最小，不同时段的潜在减产率分别为 8.41%、7.44%、12.87%和 9.70%。值得注意的是，在Ⅲ～Ⅵ区，未来 RCP8.5 情景下冬小麦干旱潜在减产率呈先增后减的趋势，即近期潜在减产率最高，而远期有所下降。这种变化趋势与第一章气候干旱演变特征一致，即 2090～2099 年时段气象干旱有所减弱。

表 9-2　RCP8.5 情景下黄淮海平原冬小麦干旱潜在减产率

亚区	干旱潜在减产率/%			
	基准期	近期	中期	远期
Ⅰ区	51.48	56.67	61.85	63.73
Ⅱ区	49.21	63.32	70.03	71.90
Ⅲ区	59.10	68.64	74.35	69.42
Ⅳ区	49.44	54.25	61.11	55.89
Ⅴ区	31.86	33.56	41.05	34.89
Ⅵ区	8.41	7.44	12.87	9.70
区域平均	41.58	47.31	53.54	50.92

二、春季单次灌溉产量效应比较

由 1 水灌溉条件下黄淮海平原干旱减产率模拟结果可见,在 1 水灌溉条件下,干旱减产率从小到大依次为拔节水、灌浆水和越冬水,表明在只浇 1 水条件下,拔节水的补偿能力最为明显,其次是灌浆水,而越冬水最低。

在只浇灌浆水的情况下,未来干旱在近、中、远期将分别造成 41.20%、48.42%和 45.03%的减产,较潜在减产率相比分别下降了 6.11%、5.12%和 5.89%,灌溉水的产量提升效率分别为 0.10%/mm、0.09%/mm 和 0.10%/mm（表 9-3）。灌浆水对北部Ⅰ区和Ⅲ区的产量补偿能力较大,但灌浆水对南部的Ⅵ区补偿能力较小（表 9-3）。浇拔节水后未来干旱在近、中远期分别造成 31.02%、34.87%和 34.26%的减产,较潜在减产率相比分别下降了 16.30%、18.67%和 16.66%,各亚区减产率的下降幅度更为明显（表 9-3）,拔节水的产量提升效率分别为 0.27%/mm、0.31%/mm 和 0.28%/mm,约为灌浆水的 3 倍。拔节水对北部Ⅱ区和Ⅳ区的产量补偿能力较大,但对南部的Ⅵ区补偿能力相对最小。而对于只浇越冬水的情况（表 9-3）,区域平均的相对潜在减产率仅呈微弱下降趋势,区域平均的产量补偿能力仅分别为 0.63%、0.42%和 0.45%。越冬水对北部的Ⅰ区和Ⅱ区的补偿能力相对较高，但也仅在 0.36%～0.80%。

表 9-3　1 水灌溉下黄淮海平原不同亚区的干旱减产率（*I*，%）、补偿能力（Δ*I*，%）和灌溉水产量提升效率（*P*，%/mm）

亚区		灌浆水			拔节水			越冬水		
		近期	中期	远期	近期	中期	远期	近期	中期	远期
I区	*I*	43.52	50.01	51.02	39.50	42.68	46.23	55.88	61.32	63.27
	Δ*I*	13.15	11.84	12.71	17.18	19.17	17.50	0.80	0.53	0.46
	P	0.22	0.20	0.21	0.29	0.32	0.29	0.01	0.01	0.01
II区	*I*	60.55	67.60	69.45	41.21	47.53	49.86	62.52	69.49	71.54
	Δ*I*	2.77	2.43	2.45	22.11	22.50	22.03	0.80	0.54	0.36
	P	0.05	0.04	0.04	0.37	0.37	0.37	0.01	0.01	0.01
III区	*I*	56.21	64.56	58.00	51.09	54.53	50.57	67.99	74.18	69.11
	Δ*I*	12.43	9.79	11.42	17.55	19.82	18.85	0.64	0.17	0.31
	P	0.21	0.16	0.19	0.29	0.33	0.31	0.01	0.00	0.01
IV区	*I*	50.13	57.54	51.99	34.22	38.90	35.87	53.47	60.68	55.37
	Δ*I*	4.11	3.57	3.90	20.02	22.21	20.02	0.78	0.43	0.52
	P	0.07	0.06	0.06	0.33	0.37	0.33	0.01	0.01	0.01
V区	*I*	30.17	38.34	31.14	17.65	21.89	19.68	33.06	40.70	34.33
	Δ*I*	3.40	2.70	3.75	15.91	19.15	15.21	0.51	0.35	0.55
	P	0.06	0.05	0.06	0.27	0.32	0.25	0.01	0.01	0.01
VI区	*I*	6.64	12.48	8.57	2.44	3.72	3.34	7.21	12.38	9.18
	Δ*I*	0.80	0.39	1.13	5.00	9.15	6.36	0.23	0.49	0.51
	P	0.01	0.01	0.02	0.08	0.15	0.11	0.00	0.01	0.01
区域平均	*I*	41.20	48.42	45.03	31.02	34.87	34.26	46.69	53.12	50.47
	Δ*I*	6.11	5.12	5.89	16.30	18.67	16.66	0.63	0.42	0.45
	P	0.10	0.09	0.10	0.27	0.31	0.28	0.01	0.01	0.01

三、不同 2 水组合灌溉效果比较

对比不同的 2 水灌溉方式的减产率可知，浇拔节水+灌浆水的干旱减产率最低，大部分区域的减产率为 40% 以下，仅区域东北部格点达到 40%～50% 的水平；其次为浇越冬水和拔节水，大部分区域的减产率在 50% 以下，减产率较高的北部部分格点在 40%～50%；而浇越冬水和灌浆水的干旱减产率最高，北部大部分地区在近期和远期可达 60% 以上，甚至部分格点超过 70%。

具体来看，在浇拔节水和灌浆水的情况下（表 9-4），减产率为 3 种 2 水灌溉方式中最小。浇拔节水+灌浆水后，未来干旱减产率在近期、中期和远期分别为 23.67%、28.35% 和 27.15%，相比于干旱的潜在减产率分别降低了 23.64%、25.19%

和 23.77%，灌溉水的产量提升效率分别为 0.20%/mm、0.21%/mm 和 0.20%/mm。拔节水+灌浆水对北部的Ⅰ区和Ⅲ区的产量补偿能力较大,对Ⅱ区和Ⅳ区的补偿能力其次，而对位于平原南部的Ⅴ区和Ⅵ区的补偿能力最小，Ⅵ区的补偿能力在各年代仅分别为5.69%、9.38%和6.83%,灌溉水的产量提升效率仅分别为0.05%/mm、0.08%/mm 和 0.06%/mm。

表 9-4 2 水灌溉下黄淮海平原不同亚区的干旱减产率（I，%）、补偿能力（ΔI，%）和灌溉水产量提升效率（P，%/mm）

| 亚区 | | 拔节水+灌浆水 | | | 越冬水+灌浆水 | | | 越冬水+拔节水 | | |
		近期	中期	远期	近期	中期	远期	近期	中期	远期
Ⅰ区	I	23.59	27.77	31.07	42.58	49.45	50.44	39.17	42.42	45.84
	ΔI	33.08	34.08	32.66	14.10	12.40	13.29	17.50	19.43	17.89
	P	0.28	0.28	0.27	0.12	0.10	0.11	0.15	0.16	0.15
Ⅱ区	I	37.40	44.54	46.45	59.72	67.06	69.09	40.61	46.92	49.48
	ΔI	25.92	25.49	25.45	3.60	2.97	2.80	22.72	23.11	22.42
	P	0.22	0.21	0.21	0.03	0.02	0.02	0.19	0.19	0.19
Ⅲ区	I	35.46	40.59	36.37	55.44	64.34	57.62	50.60	54.31	50.20
	ΔI	33.18	33.76	33.05	13.19	10.01	11.80	18.04	20.03	19.22
	P	0.28	0.28	0.28	0.11	0.08	0.10	0.15	0.17	0.16
Ⅳ区	I	29.51	34.63	30.77	49.34	57.11	51.43	33.58	38.47	35.40
	ΔI	24.73	26.48	25.12	4.91	4.00	4.46	20.67	22.64	20.49
	P	0.21	0.22	0.21	0.04	0.03	0.04	0.17	0.19	0.17
Ⅴ区	I	14.32	19.10	15.41	29.67	38.00	29.20	17.38	21.65	19.41
	ΔI	19.24	21.94	19.48	3.89	3.05	5.68	16.18	19.40	15.48
	P	0.16	0.18	0.16	0.03	0.03	0.05	0.13	0.16	0.13
Ⅵ区	I	14.32	19.10	15.41	29.67	38.00	29.20	17.38	21.65	19.41
	ΔI	5.69	9.38	6.83	1.01	0.87	1.60	5.04	9.21	6.54
	P	0.05	0.08	0.06	0.01	0.01	0.01	0.04	0.08	0.05
区域平均	I	23.67	28.35	27.15	40.53	47.99	44.31	30.62	34.57	33.91
	ΔI	23.64	25.19	23.77	6.78	5.55	6.61	16.69	18.97	17.01
	P	0.20	0.21	0.20	0.06	0.05	0.06	0.14	0.16	0.14

浇越冬水+灌浆水的减产率是 3 种 2 水灌溉方式中最大的。从全区域平均水平来看，浇越冬水+灌浆水后，未来干旱在近、中和远期将分别造成40.53%、47.99%和44.31%的减产，较潜在减产率相比分别下降了6.78%、5.55%和6.61%，产量提升效率分别为 0.06%/mm、0.05%/mm 和 0.06%/mm，仅约为浇拔节水+灌浆水的1/3。浇越冬水+灌浆水对北部地区的Ⅰ区和Ⅲ区的产量补偿能力较大，其次是Ⅱ区、Ⅳ区和Ⅴ区，对南部的Ⅵ区补偿能力相对最小。

浇越冬水+拔节水各亚区减产率的下降幅度高于浇越冬水+灌浆水，但低于浇拔节水+灌浆水。从全区域平均水平来看，浇越冬水+拔节水后，未来干旱在近、中和远期将分别造成 30.62%、34.57%和 33.91%的减产，较潜在减产率相比分别下降了 16.69%、18.97%和 17.01%，产量提升效率分别为 0.14%/mm、0.16%/mm和 0.14%/mm，低于浇拔节水+灌浆水的产量提升效率。浇越冬水+拔节水对北部地区的Ⅰ～Ⅴ区的产量补偿能力比南部的Ⅵ区高。

四、生育期灌溉 3 水的产量效应

在 3 水灌溉下黄淮海平原冬小麦的干旱减产率有明显的减少。在近期（2010～2039 年），北部地区大部分减产率在 30%～40%，部分达到 40%～50%的水平，而在中期和远期，减产率在 40%～50%的范围有所扩大。黄淮海平原南部的减产率大部分在 20%以下。

具体来看，在 3 水灌溉下，黄淮海平原区域平均减产率在未来近、中和远期分别为 23.18%、27.92%和 26.71%，补偿能力分别为 24.14%、25.62%和 24.21%（表 9-5）。从灌溉水的产量提升效率来看，未来各年代在 0.13%/mm～0.14%/mm波动，与 2 水处理下的浇越冬水+拔节水相当，但小于浇拔节水+灌浆水的提升效率。3 水处理对Ⅰ区和Ⅲ区的产量提升幅度更大，补偿能力各年代在 33%～35%，产量提升效率为 0.19%/mm；其次是Ⅱ区、Ⅳ区和Ⅴ区，3 水灌溉下的产量补偿能力在 20%～25%，灌溉水的产量提升效率在 0.11%/mm～0.15%/mm。3 水处理对Ⅵ区的补偿能力最弱，各年代分别为 5.73%、9.45%和 6.97%。

表 9-5　3 水灌溉下黄淮海平原不同亚区的干旱减产率（I, %）、补偿能力（ΔI, %）和灌溉水产量提升效率（P, %/mm）

亚区		越冬水+拔节水+灌浆水		
		近期	中期	远期
Ⅰ区	I	22.68	26.81	30.09
	ΔI	33.99	35.04	33.64
	P	0.19	0.19	0.19
Ⅱ区	I	36.78	43.93	46.06
	ΔI	26.54	26.10	25.84
	P	0.15	0.15	0.14
Ⅲ区	I	34.94	40.36	35.96
	ΔI	33.70	33.99	33.46
	P	0.19	0.19	0.19

续表

亚区		越冬水+拔节水+灌浆水		
		近期	中期	远期
IV区	I	28.89	34.16	30.29
	ΔI	25.36	26.95	25.60
	P	0.14	0.15	0.14
V区	I	14.07	18.86	15.15
	ΔI	19.49	22.19	19.74
	P	0.11	0.12	0.11
VI区	I	1.71	3.42	2.72
	ΔI	5.73	9.45	6.97
	P	0.03	0.05	0.04
区域平均	I	23.18	27.92	26.71
	ΔI	24.14	25.62	24.21
	P	0.13	0.14	0.13

基于作物机理模型，研究分析了干旱对冬小麦产量的影响，并从干旱影响的补偿能力和灌溉水的产量提升效率角度，比较了不同灌溉措施的适应能力，研究结果如下。

（1）未来气候情景下，黄淮海平原冬小麦干旱潜在减产率呈明显的南北差异，北部区域潜在减产率显著高于南部地区。潜在干旱对冬小麦造成的减产率在基准、近、中和远期分别为41.58%、47.31%、53.54%和50.92%，即在雨养条件下，未来不同时段冬小麦单产仅能达到潜在产量的5～6成。

（2）只灌1水的情况下，拔节水的产量补偿能力最为明显，未来近、中和远期的补偿能力分别为16.30%、18.67%和16.66%，其次是灌浆水，越冬水的产量补偿能力最小。

（3）在冬小麦整个生育期灌2水的情况下，浇拔节水和灌浆水补偿能力最大，在近、中和远期分别为23.64%、25.19%和23.77%，相比于单独浇拔节水，补偿能力分别提高了7.34%、6.5%和7.11%；在3水灌溉下，产量的补偿能力分别为24.14%、25.62%和24.21%，但与浇拔节水+灌浆水相比，补偿能力提升幅度不大，产量提升效率最低。

因此，在水资源短缺的黄淮海平原，面对未来干旱程度加重、影响加大的不利，应首先保证冬小麦拔节水的灌溉，在有条件的地区，拔节水之外应注意开花后灌浆水的供应。基于作物模型，本章研究表明越冬水对产量提升的效率不高。但在实际情况下，越冬水是足墒培育壮苗、夺取小麦高产的关键，小麦的安全越冬也与入冬前土壤水分含量和苗情有关，越冬水形成壮苗有利于冬小麦安全越冬

（张永平等，2011）。因此在干旱减产率较重的黄淮海北部地区，除保证拔节水和灌浆水的灌溉外，应在冷冬年份注重越冬水的灌溉（李传梁等，2023）。

第三节 冬小麦抗逆增产技术途径及机理

一、冬小麦窄行匀播适应技术及增产机理

华北平原冬小麦晚播是适应气候多变和干旱的重要技术措施（Wu and Yang，2024）。晚播冬小麦通过增加播种量、增加基本苗的途径，即在增密确保足够穗数的基础上，适当缩小行距、增加行内植株分布的均匀度，实现了高产（薛盈文等，2015）。为揭示窄行匀播对气候变化的适应和增产机理，从分析不同行距和行内植株分布形式对群体内微环境、冠层结构、物质积累和转运及产量的影响等角度进行了研究。

采用两因素裂区设计，以行距为主区，设 10cm、15cm、20cm 三种行距；以种子分布形式为副区，种子分布形式设两个处理：①随机分布（R），常规播种，行内种子间距不统一；②均匀分布（A），行内双小行等宽（宽度 2cm）等距播种，种子间距基本一致（图 9-1）。

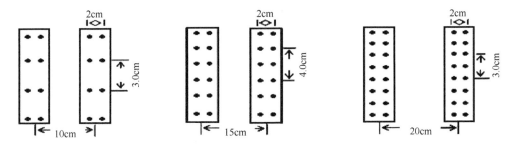

图 9-1 各行距内均匀分布形式示意图

较小行距处理开花期的叶面积指数（LAI）高于较大行距处理，同一行距下均匀分布处理高于随机分布处理。冠层平均叶倾角（MLA）则相反。20R 处理叶面积指数最低、叶倾角最大，10A 处理叶面积指数最高、叶倾角最小。冠层内散射辐射透过系数（TD）随着行距的加宽而增大、随着行内植株分布均匀度的增加而减小（表 9-6）。冠层直接辐射透过系数（TR）越高，群体的光截获越少，漏光损失就越大。TR 值随着天顶角的增大而降低、随着行距的增加而增大；同一行距内，均匀分布（A）的 TR 值低于对应的随机分布（R）。冠层消光系数（K）随着天顶角、行内植株分布均匀度的增加而增大，随着行距的增加而降低。

表 9-6 不同行距和行内分布形式处理的冠层分析

处理	叶面积指数（LAI）	平均叶倾角（MLA）	散射辐射透过系数（TD）	不同角度的直接辐射透过系数（TR）					不同角度的消光系数（K）				
				13°	25°	37°	49°	61°	13°	25°	37°	49°	61°
10R	7.50b	63.90bc	0.07b	0.22c	0.19a	0.13c	0.05cd	0.02bc	0.41a	0.42ab	0.54b	0.75a	1.08a
10A	8.10a	60.20c	0.07b	0.15d	0.15a	0.11c	0.04d	0.02c	0.43a	0.45a	0.63a	0.75a	1.09a
15R	6.90c	69.70ab	0.11b	0.26bc	0.21a	0.17abc	0.07c	0.03abc	0.34ab	0.40b	0.53b	0.74a	1.07ab
15A	7.50b	65.3bc	0.10b	0.24bc	0.19a	0.15bc	0.06cd	0.03abc	0.37a	0.40b	0.53b	0.74a	1.08a
20R	6.70c	76.20a	0.17a	0.32a	0.26a	0.22a	0.18a	0.05a	0.25b	0.35d	0.50c	0.73a	0.99b
20A	6.80c	70.70ab	0.16a	0.28ab	0.24a	0.20ab	0.12b	0.05ab	0.26b	0.36cd	0.50c	0.74a	1.06ab

注：同列数值后小写字母不同表示处理间差异达显著水平（$P<0.05$）

开花期，各处理一日中冠层下部的相对光强均在 10:00～14:00 变化幅度较大，且行距越宽变化幅度越大，20R 下层最大相对光强值在 0.3 以上。各行距内均匀分布（A）的相对光强值小于对应的随机分布（R），以 10A 处理的下层相对光强最小，其在中午的相对光强值为 0.06（图 9-2）。这也说明，窄行距的叶片空间分布较为均匀，在全天各个时期都能较充分截获光能，漏光损失少。

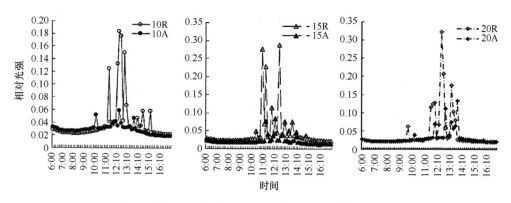

图 9-2 各行距内随机分布与均匀分布处理冠层下部相对光强的变化

开花期，一天中不同处理的冠层下部温度有所差异，以 11:00～13:00 的差异较为明显，20R 处理冠层透光多，下层温度上升快，其在中午的温度最高。3 种行距的两种分布形式比较，10cm 行距的两种分布形式（10R 和 10A）冠层下部温度在中午之前比较接近，13:00 后 10A 低于 10R 的趋势比较明显；15cm 和 20cm 行距的均匀分布处理（A）各个监测点的温度均低于对应的随机分布处理（R），特别是 20A 和 20R 两处理冠层下部温度的差异更为明显（图 9-3）。结果表明，缩小行距、增加行内植株分布均匀度可以降低群体冠层下部温度，特别是能明显降低午间高温阶段冠层内部温度。

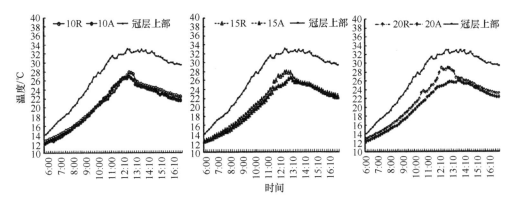

图 9-3　各行距内随机分布（R）与均匀分布（A）分布处理群体冠层下部和冠层上部温度的变化趋势

12:00 之前，随机分布处理冠层下部相对湿度随着行距缩小呈现增加的趋势。在 12:00 之后，不同行距的相对湿度差异很小。不同行距 2 种分布形式比较，10R 和 10A 两个处理冠层下部相对湿度差异不明显，仅在 12:00 以后 10A 处理的相对湿度较高于 10R；其他 2 个行距处理，冠层相对湿度均表现为均匀分布处理（A）明显高于随机分布处理（R）（图 9-4）。缩小行距和增加行内植株分布均匀度可以增加冠层相对湿度。

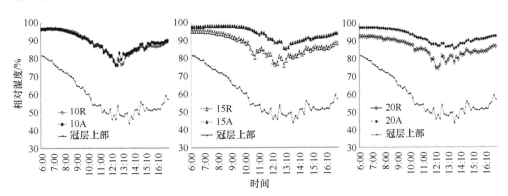

图 9-4　各行距内随机分布（R）与均匀分布（A）处理冠层下部和冠层上部相对湿度的变化趋势

不同处理的平均穗数并没有显著差异，但样段间成穗数的变异程度随着行距增加而增大，即 10cm＜15cm＜20cm（表 9-7）。相同行距，样段内成穗数的变异系数随着行内播种均匀度的提高而减少，即 A＞R。

10A 处理的株高和单株干重显著高于 20R 和 20A 两个处理，其他处理间没有显著差异；各个处理的穗粒重随着行距变窄、行内种子分布均匀度的提高而显著提高（表 9-8）。穗粒重和单株干重的变异程度较大，处理 20R 的变异系数分别为

34.7%和31.6%。总体上，随着行距增加，各个单株指标的变异程度增加，增加行内植株分布的均匀度会降低相应行距内各个指标的变异度。综合分析穗粒重与各项指标变异系数的相关性，穗粒重与所测各指标的变异系数呈显著或极显著负相关关系（表9-9），说明单株指标变异程度大小会显著影响个体的单株生产能力。

表9-7 不同处理6个行段（1m）内的成穗数及其变异系数

处理	2011~2012 年							2012~2013 年						
	1	2	3	4	5	6	CV/%	1	2	3	4	5	6	CV/%
10R	76	72	86	76	70	88	9.5	87	83	78	74	88	62	12.4
10A	82	78	74	81	79	74	4.4	79	80	78	76	70	85	6.3
15R	104	130	116	105	132	115	10.2	117	112	106	100	143	124	13.0
15A	120	121	114	124	126	106	6.2	128	123	109	110	112	120	6.7
20R	144	183	160	130	164	155	11.6	120	151	130	176	158	164	14.1
20A	168	165	140	150	160	153	6.7	152	128	163	134	170	159	11.0

表9-8 不同行距和种子分布形式处理的单株性状及其变异系数

处理	株高		穗长		小穗数		穗粒数		穗粒重		单株干重	
	$\bar{X}$/cm	CV/%	$\bar{X}$/cm	CV/%	$\bar{X}$	CV/%	$\bar{X}$	CV/%	$\bar{X}$/g	CV/%	$\bar{X}$/g	CV/%
10R	71.1ab	6.7	7.8a	8.9	15.2ab	12.3	34.0ab	23.6	1.12b	31.1	2.4ab	26.6
10A	72.6a	5.8	7.9a	8.8	16.0a	11.8	35.1ab	23.3	1.18b	29.1	2.5a	26.3
15R	71.1ab	7.7	7.8a	9.6	15.1ab	13.5	33.1b	26.1	1.08c	32.7	2.3ab	30.1
15A	71.2ab	7.1	7.9a	9.5	15.2ab	13.0	34.2ab	24.5	1.13b	31.6	2.3ab	29.3
20R	69.6b	7.9	7.6a	9.8	15.0ab	14.9	33.0b	27.7	1.04c	34.7	2.2b	31.6
20A	70.0b	6.0	7.8a	9.7	15.0ab	13.7	34.0ab	25.6	1.11b	34.2	2.3b	29.6

注：同列数值后小写字母不同表示处理间差异达显著水平（$P<0.05$）

表9-9 穗粒重与单株性状变异系数的相关性（相关系数值 R^2）

性状指标	CV 株高	CV 穗长	CV 小穗数	CV 穗粒数	CV 穗粒重	CV 单株干重
CV 株高	1					
CV 穗长	0.2	1				
CV 小穗数	0.12	0.42**	1			
CV 穗粒数	0.25	0.35**	0.38**	1		
CV 穗粒重	0.18	0.35**	0.39**	0.44**	1	
CV 单株干重	0.37**	0.29*	0.47**	0.53**	0.54**	1
穗粒重	−0.32*	−0.47**	−0.49**	−0.51**	−0.55**	−0.55**

不同处理成熟期的总生物量表现为10A＞10R＞15A＞15R＞20A＞20R，10A、10R、15A 处理间差异不显著，但均显著高于15R、20R、20A 处理。不同处理间花前物质积累的差异与总生物量的差异有相似的规律。10A、10R 花前贮藏物质

向籽粒的转运量和对籽粒贡献率显著低于其他处理,花后物质积累量以 10A 最高,各处理依次为 10A＞10R＞15A＞20A＞15R＞20R,处理间差异达到显著水平(表 9-10)。这说明,缩小行距、增加行内均匀度可以增加群体物质生产量,特别是显著增加了花后物质积累量及其对产量的贡献率。

表 9-10　不同处理群体的物质积累与转运

处理	总生物量/(kg/hm²)	花前物质			花后物质		籽粒干物重/(kg/hm²)
		积累量/(kg/hm²)	转运量/(kg/hm²)	对籽粒贡献率/%	积累量/(kg/hm²)	对籽粒贡献率/%	
10R	18 423a	12 576a	2 147b	27	5 846b	73	7 993a
10A	19 110a	12 648a	2 065b	25	6 262a	75	8 327a
15R	16 646b	12 006b	2 552a	35	4 640d	65	7 192c
15A	17 162a	12 181a	2 475a	32	5 182c	68	7 656b
20R	16 350b	11 801b	2 565a	36	4 469e	64	7 034d
20A	16 636b	11 955b	2 622a	35	4 682d	65	7 403bc

注：同列数值后小写字母不同表示处理间差异达显著水平（$P<0.05$）

在常规随机播种方式下,不同行距的籽粒产量表现为 10R＞15R＞20R,行距间产量差异达显著水平;在均匀播种方式下,不同行距的产量表现为 10A＞15A＞20A,2011～2012 年度,10A 与 15A 处理产量差异不显著,2012～2013 年度,10A 处理产量显著高于 15A 和 20A 处理。在各行距下 2 种播种方式间比较,产量皆表现为均匀分布高于随机分布,特别是在 15cm 和 20cm 行距下,两个年度两种播种方式间产量差异均达显著水平(表 9-11)。这说明,适当缩小行距和提高行内种子分布均匀度有利于提高群体产量,在较大行距下比在较小行距下提高行内播种均匀度的增产效果更明显。从产量构成因素分析,不同处理间产量的差异主要是由于平均穗粒数的差异,特别是千粒重的差异。

表 9-11　两个年度不同处理的产量及构成因素

年度	处理	穗数/(×10⁴ 穗/hm²)	穗粒数	千粒重/g	理论产量/(kg/hm²)	实际产量/(kg/hm²)
2011～2012 年	10R	775a	29.0a	41.1ab	9 237	8 045b
	10A	778a	31.0a	42.3a	10 201	8 602a
	15R	771a	27.0b	40.5bc	8 431	7 663b
	15A	781a	29.0a	41.0ab	9 286	8 379a
	20R	766a	26.0b	39.6c	7 887	6 462c
	20A	772a	27.0ab	40.2bc	8 379	7 979b
2012～2013 年	10R	786a	34.0ab	38.0a	10 155	9 311a
	10A	782a	35.0a	38.9a	10 620	9 519a
	15R	774a	33.0b	37.7b	9 757	8 114cd
	15A	780a	34.0ab	38.6ab	10 130	8 650b
	20R	747a	33.0b	36.5c	8 998	7 754d
	20A	755a	34.0ab	37.5b	9 626	8 391bc

总之，华北平原晚播小麦在高密度播种条件下，适当缩小行距、增加行内种子分布的均匀度，可以优化冠层结构，增加群体光截获率并降低冠层内部的温度，从而改善群体的微环境；可以减小个体农艺性状的变异度，提高穗群整齐度，从而提高穗粒重（丁位华等，2012）；可以提高群体总生物量和花后物质生产对产量的贡献率，从而提高群体产量。因此，窄行匀播是提高华北平原晚播小麦产量的重要途径。

二、pH 缓冲液处理可提高小麦的抗旱性

以济麦 22 为材料，进行了两年的盆栽试验，分别于花后 5d 和花后 8d，开始水分胁迫处理，并于下午 4:00～6:00，连续 4 天喷施相应的溶液，待土壤含水量降至田间持水量的 50%时，开始进行相关指标的测定。

2012 年水分胁迫一直持续至小麦成熟；2013 年则在水分胁迫 7d 后复水。设土壤水分充足（CK1）和水分胁迫（DS）下喷施蒸馏水（CK2）两个对照，以及水分胁迫下喷施 0.02mol/L pH 5.5 缓冲液（pH1）、0.02mol/L pH 7.5 缓冲液（pH2）、0.3% KH_2PO_4 缓冲液（S1）、0.3% K_2HPO_4 缓冲液（S2）和 0.02mol/L pH 6.5 缓冲液（pH3）等处理。

水分胁迫使小麦的穗粒重、穗粒数和千粒重明显下降，但与喷施蒸馏水和其他溶液的各处理相比，喷施 0.02mol/L pH 5.5 缓冲液使穗粒重、穗粒数和千粒重呈增加的趋势，其中，千粒重的增加达到显著水平（表 9-12）。说明喷施 0.02mol/L pH 5.5 缓冲液可明显缓解水分胁迫对小麦后期灌浆和粒重增长的不利影响。

表 9-12　不同 pH 处理下小麦的穗粒重、穗粒数和千粒重

年份	处理	穗粒重/g	穗粒数	千粒重/g
2012	CK1	0.82±0.01a	22.1±0.3a	37.21±1.06a
	CK2（DS+水）	0.59±0.02d	18.3±0.3c	32.23±1.05c
	DS+pH 5.5	0.68±0.02bc	19.5±0.8bc	34.55±0.67b
	DS+pH 7.5	0.69±0.01b	20.2±0.5b	33.99±1.44bc
	DS+KH_2PO_4	0.65±0.02c	19.4±0.5bc	33.33±1.25bc
	DS+K_2HPO_4	0.65±0.01c	19.0±0.7bc	34.13±0.32bc
2013	CK1	1.57±0.01a	32.1±0.5a	48.99±0.52a
	CK2（DS+水）	1.18±0.01f	27.7±0.5c	42.55±0.59d
	DS+pH 5.5	1.38±0.02b	29.9±0.1b	46.22±0.80b
	DS+pH 7.5	1.32±0.02d	29.5±0.5b	44.76±0.52c
	DS+pH 6.5	1.21±0.02e	28.1±0.4c	43.06±1.23d
	DS+KH_2PO_4	1.33±0.01cd	29.3±0.3b	45.23±0.29bc
	DS+K_2HPO_4	1.35±0.02c	29.7±0.1b	45.45±0.64bc

注：同列数值后小写字母不同表示处理间差异达显著水平（$P<0.05$）

水分胁迫使得叶片相对电导率上升（细胞受到伤害，细胞膜透性增加的结果），但在胁迫后的 0～3d，各溶液处理间没有显著差异，而胁迫后 3～6d，pH 5.5 和 pH 7.5 缓冲液处理的旗叶相对电导率的上升幅度则明显低于喷水对照、磷酸二氢钾和磷酸氢二钾处理（图 9-5），说明 pH 5.5 和 pH 7.5 缓冲液处理可减缓水分胁迫对旗叶的伤害。

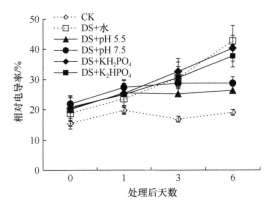

图 9-5　pH 处理对旗叶相对电导率的影响

水分胁迫使旗叶光合速率下降，喷施溶液后 1d，各溶液处理间没有显著差异，喷施溶液后 3d，pH 5.5 和 pH 7.5 缓冲液，以及磷酸二氢钾和磷酸氢二钾溶液处理的旗叶光合速率显著高于喷水对照（图 9-6）。

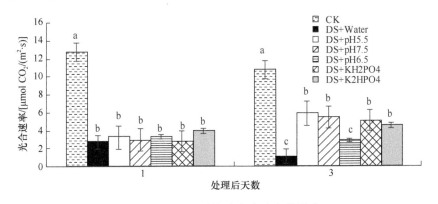

图 9-6　pH 处理对旗叶光合速率的影响

在水分胁迫条件下，叶片 SPAD 值呈现下降的趋势，且倒二叶 SPAD 值的下降速度要快于旗叶。pH 5.5 和 pH 7.5 缓冲液处理的旗叶表现要显著优于 pH 6.5 缓冲液处理和喷水对照，而与磷酸二氢钾和磷酸氢二钾溶液处理则没有显著差异（图 9-7）。从总体看，pH 5.5 缓冲液处理后的旗叶 SPAD 表现稍好，倒二叶也呈现出类似的规律。

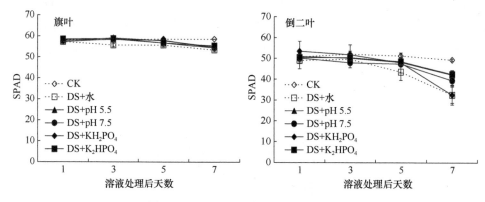

图 9-7　pH 处理对叶片 SPAD 的影响

在水分胁迫条件下，旗叶的 F_v/F_m 均表现出先降低后增加再降低的趋势，在胁迫后 7d，pH 5.5 处理的旗叶荧光表现要显著优于其他溶液处理（图 9-8）。

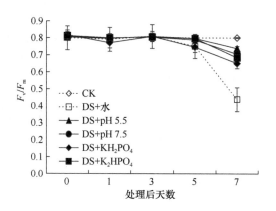

图 9-8　pH 处理对旗叶荧光参数的影响

水分胁迫使旗叶的 RuBP 羧化酶活性下降，喷施 pH 5.5 和 pH 7.5 缓冲液，以及磷酸二氢钾和磷酸氢二钾溶液处理使 RuBP 羧化酶活性显著高于喷水对照（图 9-9）。水分胁迫诱导旗叶的 PEP 羧化酶活性升高，喷施溶液处理与喷水对照的 PEP 羧化酶活性没有明显的差异。

在水分胁迫条件下，喷水和溶液使 CAT、POD 和 SOD 的活性升高，但喷施溶液处理与喷水对照的 SOD 活性没有显著差异，喷施 pH 5.5 和 pH 7.5 缓冲液处理与喷水对照的 CAT 活性没有明显的差异，pH 7.5 缓冲液处理的 POD 活性显著高于喷水对照等处理（图 9-10）。

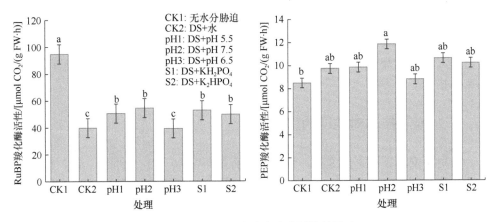

图 9-9　pH 处理对旗叶光合酶活性的影响

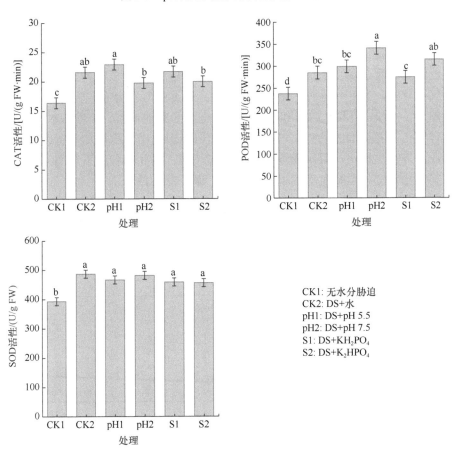

图 9-10　pH 处理对旗叶抗氧化酶活性的影响

综合上述结果可知，在水分胁迫条件下，pH 5.5 和 pH 7.5 缓冲液处理诱导增强旗叶抗氧化酶系统活性，提高了清除活性氧自由基的能力，进而减弱了膜脂氧化，减缓了叶片光合系统和功能的破坏。因此，pH 缓冲液处理可在一定程度上提高小麦抗旱性，pH 缓冲液可望成为适应气候变化、提高小麦抗旱性的一种调控措施。

三、节水灌溉技术对抗逆的作用

采用小麦品种石家庄 8 号，设置全生育期不灌水（I0，对照）、灌 2 水（I2，拔节和开花，每次灌水 750m³/hm²）和灌 4 水（I4，分蘖、拔节、开花和灌浆，每次灌水 750m³/hm²）等灌溉处理，利用扫描电子显微镜观察小麦灌浆期不同绿色器官的气孔分布和结构特征，并分析其与气孔特性指标间的关系。

结果表明，在不同灌水处理下各非叶器官（穗、旗叶鞘和穗下节间）均观察到气孔分布，但气孔数目少于旗叶叶片。穗部气孔分布表现如下特征：护颖仅在远轴面存在气孔。外稃在水分胁迫（无水处理）条件下，气孔却出现在远轴面而不在近轴面；而在多水条件下（4 水处理），近轴面出现较多气孔，而远轴面观察不到气孔分布。芒在不同水分处理下均观察到明显的气孔分布。从气孔大小来看，穗各部分（护颖、外稃、内稃和芒）的气孔略小于其他器官。随着灌水次数减少，各器官气孔密度呈增大趋势，气孔器及气孔口径表现出长度增加、宽度减小的变化特征。与叶片相比，限水灌溉下非叶器官（穗、旗叶鞘和穗下节间）在籽粒灌浆期其气孔导度和蒸腾速率的稳定性高于叶片（表 9-13）。

表 9-13 不同灌水处理光合器官的气孔特性相关指标的变化

测定时间（日/月）	处理	旗叶叶片			旗叶鞘			穗		
		叶温/℃	气孔导度/[mol/(m²·s)]	蒸腾速率/[mmol H₂O/(m²·s)]	鞘温/℃	气孔导度/[mol/(m²·s)]	蒸腾速率/[mmol H₂O/(m²·s)]	穗温/℃	气孔导度/[mol/(m²·s)]	蒸腾速率/[mmol H₂O/(m²·s)]
17/5	无水	28.1 ± 0.4	132.3 ± 19.3	3.1 ± 0.7	28.6 ± 0.2	609.0 ± 49.4	14.3 ± 2.2			
	2 水	27.8 ± 0.1	371.1 ± 27.0	8.9 ± 0.6	28.0 ± 0.2	611.4 ± 72.3	14.7 ± 3.2			
	4 水	27.2 ± 0.3	371.3 ± 39.8	9.4 ± 0.8	26.7 ± 0.3	462.0 ± 42.6	10.3 ± 2.5			
24/5	无水	30.0 ± 0.3	150.4 ± 26.1	3.6 ± 0.3	30.3 ± 0.2	208.8 ± 33.2	3.7 ± 1.0	30.4 ± 0.1	297.8 ± 32.9	7.2 ± 0.7
	2 水	29.8 ± 0.2	362.0 ± 36.9	9.0 ± 0.6	30.3 ± 0.3	382.8 ± 17.9	9.8 ± 0.4	30.3 ± 0.2	357.6 ± 28.5	9.2 ± 0.2
	4 水	29.3 ± 0.2	436.4 ± 26.6	12.3 ± 0.5	29.4 ± 0.0	373.3 ± 35.9	8.6 ± 0.6	29.4 ± 0.1	343.4 ± 24.2	8.4 ± 0.3

在充足供水条件（春季灌 4 水）下，叶片比非叶器官具有较多的叶绿体数目。与春季灌 4 水相比，春季灌 2 水处理在灌浆期上层土壤轻度水分亏缺，对各器官叶绿体结构的影响较小；而春不浇水处理在灌浆期上层土壤严重水分亏缺，导致各器官叶绿体超微结构受损，但叶片受影响程度明显大于非叶器官（图 9-11）。

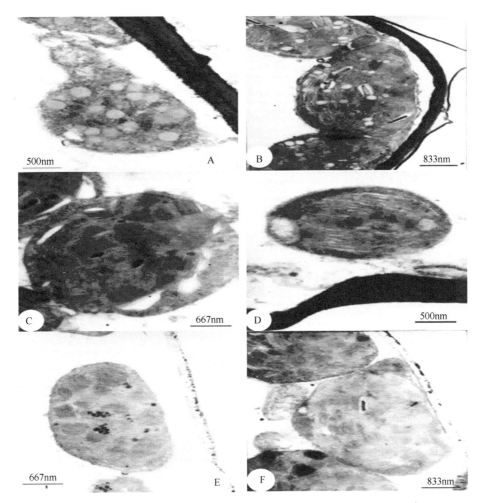

图 9-11　不同灌水处理开花后 20 天不同光合器官叶绿体的结构特征
A 为不灌溉处理旗叶；B 为不灌溉处理颖片；C、D 分别为灌 1 水处理旗叶鞘和颖片；E 为灌 4 水处理旗叶；F 为灌 1 水处理旗叶鞘

群体日光合累积量以灌 2 水处理最高，其次为灌 4 水处理，不浇水处理最低（表 9-14）。比较不同灌水处理开花后各器官的净光合速率，随着灌水减少，各期所测器官光合速率均有不同程度的降低，以旗叶叶片反应最敏感，穗下节间、旗叶鞘和穗变化较小，其光合稳定性在灌浆后期表现更为明显（图 9-12）。

表 9-14 不同灌水处理下群体冠层及各器官的日光合累积量

群体与器官	处理	日光合累积量	8:00～12:00		12:00～16:00	
			光合量	占总光合比例/%	光合量	占总光合比例/%
群体	I0	433.11（81）	256.82	59.3	176.29	40.7
	I2	570.53（106）	316.67	55.5	253.86	44.5
	I4	536.59（100）	293.18	54.6	243.41	45.4
旗叶叶片	I0	285.06（33）	171.63	60.2	113.43	39.8
	I2	526.99（60）	300.44	57.0	226.54	43.0
	I4	876.44（100）	479.47	54.7	396.97	45.3
穗下节间	I0	154.42（66）	88.32	57.2	66.11	42.8
	I2	211.44（90）	112.11	53.0	99.33	47.0
	I4	234.17（100）	119.14	50.9	115.03	49.1
旗叶鞘	I0	181.66（62）	104.77	57.7	76.89	42.3
	I2	257.06（87）	150.87	58.7	106.19	41.3
	I4	295.02（100）	170.43	57.8	124.59	42.2
穗	I0	73.51（57）	41.20	56.0	32.31	44.0
	I2	126.32（99）	74.77	59.2	51.54	40.8
	I4	128.15（100）	66.24	51.7	61.91	48.3
非叶器官	I0	409.60（62）	234.29	57.2	175.31	42.8
	I2	594.82（90）	337.75	56.8	257.06	43.2
	I4	657.34（100）	355.81	54.1	301.53	45.9

注：群体日光合累积量按每平方米土地面积计算，单位：mmol CO_2/m^2；器官日光合累积量按每个器官计算，单位：μmol CO_2/器官；括号中的数值为与 I4 对比的处理间相对差异值（%）

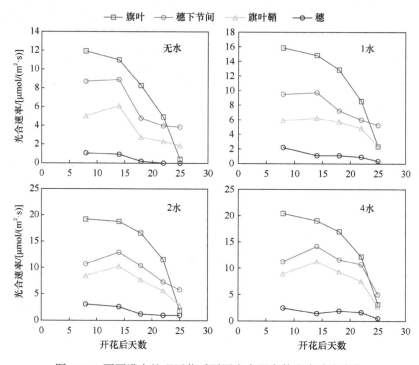

图 9-12 不同灌水处理开花后不同光合器官的光合速率变化

可见，非叶光合器官的结构与功能具有较强的耐逆性，这对小麦节水高产栽培具有重要意义（董宝婧等，2013）。因此，通过限制灌水、适当增加种植密度和控制单茎叶面积等措施，可相对增加群体中穗、节间和鞘等非叶光合面积，不仅有利于发挥非叶器官的光合耐逆机能，增强群体的光合耐逆性，从而稳定或增加群体日光合累积量，而且有利于实现抗旱节水与高产的统一。

四、冬小麦综合抗逆高产栽培调控模式

低温冻（寒）害威胁冬小麦生长发育和产量形成；随着全球变暖，高温、水资源减少和干旱频发都是小麦稳产高产所面临的问题。

为适应气候变化、应对水资源减少和干旱频发的问题，提出了冬小麦节水高产栽培水肥调控一般模式：足墒播种+足量基肥—拔节前表层适度水分调亏—拔节至开花期适期灌 1～2 水+适量补肥—灌浆后期利用深层土壤水，腾出土壤库容。以此模式为基础，辅之以配套的抗逆减灾技术，可以适应特殊气候年型，在华北有较广泛应用价值。

研究和总结出主要配套措施及效应（表 9-15），并提出了华北冬小麦抗旱节水土壤水分调控指标（表 9-16），实际应用中可根据不同播期、苗情等组配抗逆适应技术体系。

表 9-15　主要适应技术措施的抗逆适应与集成效果

抗逆适应技术		抗寒	抗旱	抗热	增产
前期壮苗防灾	耐逆品种	＋	＋	＋	＋
	秸秆碎还	＋	＋		＋
	精细整地	＋	＋	＋	＋
	适当晚播	＋	＋	－	－或＋
	缩行匀株	＋	＋	＋	＋
	适宜播深	＋	＋		＋
	严格镇压	＋	＋		＋
	合理配肥	＋	＋	＋	＋
	种子处理	＋	＋		＋
	适墒成苗	＋	＋		＋
中期应变调补	因苗调灌	＋	＋	＋	＋
	因苗补肥	＋	＋		＋
	促根控冠	＋	＋	＋	＋
	化学调节	＋	＋	＋	＋
后期抗逆稳产	重旱补水	＋	＋	＋	＋
	一喷三防		＋	＋	＋
	新抗旱剂	＋	＋	＋	＋
综合技术集成		抗寒	抗旱	抗热	增产

注：＋. 正向作用；－. 负向作用

表 9-16　冬小麦抗旱节水土壤水分调控指标

生育阶段	播种—出苗	分蘖—越冬	返青—起身	拔节—抽穗	开花—灌浆前期	灌浆后期—成熟
水分调控模式	适墒	适墒	轻度—中度水分亏缺	适墒	适墒	轻度—中度水分亏缺
适宜土壤水分指标（占田间持水量百分比）/%	75～80	70～80	60～75	70～80	70～80	65～75
抗旱临界土壤水分指标（占田间持水量百分比）/%	70	60	50	65	65	55
土层深度/cm	40	40	40	60	60	60

综合研究结果，华北小麦气候灾害适应栽培模式的技术核心是推行小麦适当晚播、窄行距（10cm）精播、暄土覆盖配合镇压，可降低弱株率，提高出苗均匀度和整齐度，实现保墒、防冬春低温冻害等；足墒晚播、不浇冬水、春水晚浇（适期适量）对中期干旱胁迫有显著的补偿作用，即采取前期壮苗防灾、中期技术补偿减灾、后期抗逆适应综合管理模式。

参 考 文 献

丁位华, 王彬, 张英华, 等. 2012. pH 缓冲液对不同水分状态下冬小麦幼苗抗氧化酶活性的影响. 麦类作物学报, 32(5): 890-894.

董宝婧, 黄蓉, 苗芳, 等. 2013. 小麦叶片逆向衰老过程中叶绿素含量及光合特性的变化. 西北农林科技大学学报(自然科学版), 41(6): 44-48.

李传梁, 于振文, 张娟, 等. 2023. 测墒补灌条件下施氮量对小麦干物质积累转运和产量的影响. 麦类作物学报, 43(8): 1039-1046.

刘巽浩. 2002. 农作制与中国农作制区划. 中国农业资源与区划, (5): 14-18.

梅旭荣, 康绍忠, 于强, 等. 2013. 协同提升黄淮海平原作物生产力与农田水分利用效率途径. 中国农业科学, 46(6): 1149-1157.

秦晓晨, 周广胜, 居辉, 等. 2018. 未来气候情景下黄淮海平原不同灌溉制度的产量补偿效应模拟. 中国农业气象, 39(4): 220-232.

徐建文, 居辉, 刘勤, 等. 2014. 黄淮海平原典型站点冬小麦生育阶段的干旱特征及气候趋势的影响. 生态学报, 34(10): 2765-2774.

徐建文, 居辉, 梅旭荣, 等. 2015. 近 30 年黄淮海平原干旱对冬小麦产量的潜在影响模拟. 农业工程学报, 31(6): 150-158.

薛盈文, 张英华, 黄琴, 等. 2015, 窄行匀播对晚播冬小麦群体环境、个体性状和物质生产的影响. 生态学报, 35(16): 5545-5555.

张永平, 张英华, 王志敏. 2011. 不同供水条件下冬小麦叶与非叶绿色器官光合日变化特征. 生态学报, 31(5): 1312-1322.

Bao X Y, Hou X Y, Duan W W, et al. 2023. Screening and evaluation of drought resistance traits of winter wheat in the North China Plain. Frontiers in Plant Science, 14: 1194759.

Li X X, Ju H, Sarah G, et al. 2017. Spatiotemporal variation of drought characteristics in the Huang-Huai-Hai Plain, China under the climate change scenario. Journal of Integrative Agriculture, 16(10): 2308-2322.

Wu H Z, Yang Z Q. 2024. Effects of drought stress and post-drought rewatering on winter wheat: A meta-analysis. Agronomy, 14(2): 298.

第十章 华北冬小麦—夏玉米抗逆减损生产系统

第一节 作物适应气候变化的抗逆品种遴选

一、冬小麦抗逆品种的筛选

以温麦 15、温麦 9、衡 4399、农大 211、中麦 9、中麦 12、京 411、徐州 25、周 22、洛 21、众麦 1 号、浙麦 2、丰抗 58-6、周 16、0045、矮大穗、轮选 987、潍麦 8、众星 8、矮丰 66、石麦 15、济麦 22、良星 66、温科 99136、烟农 19 等 25 个不同类型的小麦品种为试验材料，在安徽亳州、河北吴桥、北京海淀和延庆等 4 个不同的生态区域进行了田间试验。

在不同的试验点温麦 19、浙麦 2、中麦 12、石麦 15、农大 211 和济麦 22 的产量和抗寒性有不同的表现，石麦 15、济麦 22、农大 211 等 3 个品种的抗寒性较好，在吴桥、北京等较寒冷区域减产不明显，说明这三个品种具有较好的适应性和稳产性；温麦 19 和浙麦 2 在冬季温度较高的亳州产量较高，但在其他 3 个地区的产量明显降低，死苗率增加（表 10-1），说明这两个品种丰产性较好，但抗寒性不强，播种范围受到限制。

表 10-1 典型品种在各地的产量和抗寒性表现

地点	品种	死苗率/%	穗数/（万/亩）	穗长/cm	小穗数	穗粒数	穗粒重/g	千粒重/g	产量/（kg/亩）
亳州	温麦 19	1.1	28.7	8.8	20.2	43.4	1.77	24.9	502.2
	浙麦 2	5.2	30.3	7.5	17.2	42.4	2.12	28.3	636.6
	中麦 12	5.5	23.8	7.6	19.2	44.4	1.82	30.8	429.3
	石麦 15	2.2	25.5	7.7	18.2	43.4	1.92	30.5	483.8
	济麦 22	5.4	31.9	9.3	20.2	36.4	1.31	16.6	415.1
	农大 211	3.9	30.7	8.2	17.2	31.3	1.21	15.9	368.6
吴桥	温麦 19	7.1	25.1	8.5	15.5	38.0	1.25	33.7	439.2
	浙麦 2	19.2	27.5	7.1	17.3	38.9	1.45	38.0	299.3
	中麦 12	35.4	23.0	7.7	15.9	35.2	1.01	29.1	438.3
	石麦 15	5.1	43.7	7.6	18.1	39.7	1.38	35.4	495.2
	济麦 22	8.1	27.5	7.8	17.6	38.2	1.32	35.2	345.5
	农大 211	22.2	31.1	7.5	14.0	31.8	1.05	33.8	388.5

地点	品种	死苗率/%	穗数/（万/亩）	穗长/cm	小穗数	穗粒数	穗粒重/g	千粒重/g	产量/（kg/亩）
海淀	温麦19	31.3	20.9	8.7	20.2	67.7	1.73	25.8	357.5
	浙麦2	30.3	21.2	8.2	18.8	60.6	2.18	36.4	458.1
	中麦12	43.4	17.3	8.4	16.6	63.6	2.00	31.7	342.0
	石麦15	32.3	20.6	8.3	18.8	65.7	1.64	25.2	333.8
	济麦22	47.5	16.1	7.9	18.8	49.5	1.48	30.3	236.1
	农大211	17.2	25.1	8.2	15.5	44.4	1.33	30.3	332.0
延庆	温麦19	88.9	3.0	7.3	17.0	56.6	1.48	26.5	44.5
	浙麦2	95.0	1.3	7.5	17.1	61.7	1.85	30.3	19.1
	中麦12	38.4	18.2	7.9	14.4	47.5	1.52	32.2	272.7
	石麦15	11.1	27.3	7.8	17.3	60.1	1.79	29.8	482.7
	济麦22	22.2	24.2	7.3	16.6	49.5	1.45	31.5	370.9
	农大211	15.2	25.8	9.7	18.8	56.2	1.76	31.4	448.1

二、冬小麦适宜贮墒旱作品种的筛选

连续三年开展了小麦、玉米不同品种对气候变化适应性的比较研究，在足墒播种、全生育期不浇水条件下比较了小麦不同品种的产量和水分利用效率（WUE）（表10-2），筛选出适宜贮墒旱作、年份间产量和水分效率高且稳定的品种7个，即烟优361、石麦18、石麦22、农大399、济麦22、京411、沧麦119。这些品种的主要特征是初生根发达、容穗量大、穗粒重稳定。

表10-2　2013～2014年旱作条件下不同冬小麦品种的产量和水分利用效率

品种	穗数/（万/亩）	穗粒数	千粒重/g	实际产量/（kg/亩）	WUE/[kg/(mm·亩)]
烟优361	52.8	25.4	47.0	535	1.29
晋麦91	58.6	21.1	44.6	368	0.97
京411	58.6	23.6	44.3	489	1.24
丰抗8号	62.7	24.6	36.1	398	1.03
农大211	53.4	22.7	40.9	397	1.00
农大5182	55.9	21.7	47.6	426	1.13
石麦18	50.8	28.8	40.8	486	1.32
农大399	47.0	32.6	41.1	467	1.38
石麦19	56.7	30.2	41.7	464	1.38
石麦20	58.2	23.3	38.2	388	1.23
科内3号	38.9	30.6	40.9	295	0.85

续表

品种	穗数 /（万/亩）	穗粒数	千粒重 /g	实际产量 /（kg/亩）	WUE /[kg/(mm·亩)]
济麦 22	47.8	28.7	46.4	525	1.29
衡观 35	53.6	29.8	33.7	486	1.28
石麦 8 号	45.4	23.7	43.4	395	1.20
石麦 22	63.3	28.5	41.0	462	1.32
沧 6002	51.0	26.3	38.6	426	1.26
沧 6001	52.5	25.6	44.7	421	1.03
沧麦 119	60.2	26.4	40.7	408	1.34
良星 66	46.8	34.4	40.9	429	0.95
沧 H12	58.5	24.5	40.8	390	1.18

华北冬小麦耐逆适应栽培模式的突出特点是晚播密植，利用主茎耐逆性强的诱导，依赖主茎成穗，其群体构成的最大特点是大群体、小个体。其个体株型特征为单茎叶面积小（开花期为 60～70cm^2），上层叶片短、窄（上三叶叶面积 45～60cm^2，其中旗叶长度<15cm）、上冲且比叶重大，非叶器官面积比例大（旗叶节以上非叶光合器官面积 45～60cm^2），并有花后物质转运效率高、灌浆速率快的特点。其群体构成为群体穗叶比高达 180～220 穗/m^2，穗库容量高达 21～24×10^{7}粒/hm^2。

三、夏玉米耐密植品种的筛选

通过不同密度试验，筛选出在较高种植密度下产量突出且表现稳定的耐密植品种：郑单 958、金惠 20，先玉 335 也耐密植且产量较高；浚单 20 不适合密植，在较低的密度下产量较高（表 10-3）。连续开展了不同品种材料抗旱、耐密性比较试验，筛选出多份耐逆性强的材料。

表 10-3　两种密度下不同玉米品种的产量及其构成因素

密度 /（株/亩）	品种	穗数 /（个/亩）	穗粒数	千粒重 /g	产量 /（kg/亩）
4500	浚单 20	4580	521	303	716
	郑单 958	4600	543	302	728
	先玉 335	4562	533	296	680
	冀农 619	4578	491	280	637
	农华 101	4492	529	286	680
	金惠 20	4680	553	303	707
	DH605	4477	561	288	699

续表

密度 /（株/亩）	品种	穗数 /（个/亩）	穗粒数	千粒重 /g	产量 /（kg/亩）
5500	浚单 20	5479	467	284	675
	郑单 958	5511	493	289	744
	先玉 335	5563	485	282	703
	冀农 619	5390	450	277	622
	农华 101	5450	482	279	666
	金惠 20	5577	498	285	723
	DH605	5410	523	267	678

第二节　冬小麦逆境产量效应及响应机制

一、极端高温危害冬小麦生产力、产量数量特征

冬小麦是喜凉作物。华北地区，冬小麦灌浆期（5 月）气温升高快，晴热天气多，高温会影响光合生产，造成叶片早衰，对灌浆过程造成障碍，降低产量（张英华等，2015）。在全球变暖预期下，华北地区冬小麦灌浆期内高温天气出现概率增加（姜雨萌等，2015）。根据连续 11 年（2003～2013 年）涡度相关通量观测数据，华北地区冬小麦灌浆期内，日最高气温达到 30℃可以视为该时段极端高温天气（发生概率约 12%）（图 10-1）。在极端高温发生日，气温每升高 1℃，群体生产力降低 6.05%～6.37%（群体白天净生态系统生产力）（图 10-2）。

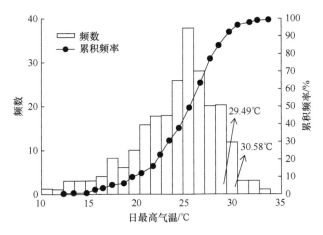

图 10-1　2003～2013 年冬小麦灌浆期内日最高气温频数及累积频率分布（山东禹城）

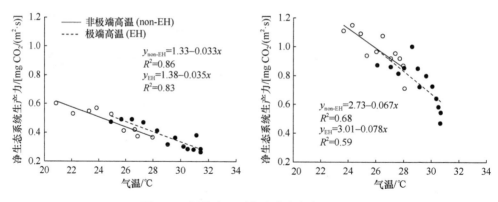

图 10-2　极端高温对冬小麦生产力的影响

二、干热风危害冬小麦生产力、产量数量特征

我国华北地区小麦生长后期常遇干热风危害，灌浆期干热风是影响小麦产量的主要气象灾害之一（赵风华等，2013）。随着全球气候变暖，高温胁迫对小麦籽粒产量的影响将会更为严重，因而受到广泛关注（史鑫蕊等，2023）。

在未来全球变暖趋势下，该区域干热风灾害发生频率和强度都很可能增加（Zhang et al.，2021）。国内外对干热风的研究报道很多，但是对比试验很少。我们研发了田间模拟干热风控制试验装置，开展对比试验研究发现：冬小麦灌浆期间 1 次干热风（气温＞32℃，大气相对湿度＜30%，风速＞3m/s）即会降低旗叶光合 32%～88%，籽粒减产 8%～18%（表 10-4，图 10-3）。气孔部分闭合是叶片光合降低的主要原因，重干热风下叶肉细胞 CO_2 同化能力受损进一步抑制光合。干热风引起籽粒产量降低的主要原因是影响籽粒灌浆，导致千粒重和经济系数降低。

表 10-4　干热风对冬小麦产量的胁迫指数

处理	籽粒产量	生物产量	收获指数
干热 1	0.18	0.08	0.11
干热 2	0.08	0.01	0.07

图 10-3　干热风对冬小麦生产力的影响

图中显示的是干热胁迫处理 7 天后植株的叶片状况，干热 1 处理，干热胁迫严重，麦芒明显枯黄，叶片尖部枯黄；干热 2 处理，干热胁迫较轻，穗部有枯黄斑点；对照处理没有干热风胁迫症状

全球变暖趋势中，与气温升高比较，极端高温事件对作物生产影响更大。通过自由大气增温试验、模拟干热风发生试验和涡度相关通量观测，结果显示，华北冬小麦全生育期内气温整体升高 0.8～1.2℃，小麦生育期明显缩短，提前成熟6～7 天，但对籽粒产量没有明显影响；而灌浆期干热风（灌浆期内气温＞32℃，空气相对湿度＜30%，风速＞3m/s）发生一次即可减产 8%～18%。冬小麦灌浆期内气温＞30℃后，每升高 1℃冬小麦群体光合生产力即会下降 6%。

三、不同品种冬小麦对逆境的响应

选择亳州、吴桥、北京海淀和延庆等 4 个不同的生态区域，对 25 个不同类型小麦品种的生态适应性，特别是抗寒性和产量表现进行了田间鉴定，结果表明：石麦 15、济麦 22、农大 211 等 3 个品种的抗寒性较好，在吴桥、北京等较寒冷区域减产不明显，说明这三个品种具有较好的适应性和稳产性。温麦 19 与浙麦 2在冬季温度较高的亳州产量较高，但在其他 3 个地区的产量明显降低，死苗率增加，说明这两个品种丰产性较好，但抗寒性不强，播种范围受到限制。

以小麦强耐热品种石家庄 8 号和弱耐热品种河农 341 为材料，2010～2011 年设置不同播期试验，结果显示，晚播后期高温使河农 341 粒重降低 15.2%，使石家庄 8 号粒重降低 5.1%。2011～2012 年于灌浆期（花后第 8 天至第 22 天）用塑料膜搭棚进行增温处理（9:00～16:30 棚内温度 32～35℃，棚内外温差 4～6℃），增温处理使河农 341 和石家庄 8 号千粒重分别降低 37.1%和 25.3%，产量分别降低 38.2%和 26.1%。可见，高温对石家庄 8 号粒重和产量的影响程度明显低于对河农 341 的影响。

第三节　冬小麦—夏玉米周年抗逆栽培

一、冬小麦—夏玉米两晚匀播增产技术

华北平原"双晚"（夏玉米晚收、冬小麦晚播）栽培模式下，冬小麦晚播是适应气候多变和干旱的重要技术措施。为揭示窄行匀播对气候变化的适应和增产机理，从分析不同行距和行内植株分布形式对群体内微环境、冠层结构、物质积累和转运及产量的影响等角度进行了研究。

华北平原晚播小麦在高密度播种条件下，适当缩小行距、增加行内种子分布的均匀度，可以优化冠层结构，增加群体光截获率并降低冠层内部的温度，从而改善群体的微环境（薛盈文等，2015）；可以减小个体农艺性状的变异度，提高穗群整齐度，从而提高穗粒重；可以提高群体总生物量和花后物质生产对产量的贡

献率，从而提高群体产量（Sun et al.，2023）。因此，窄行匀播是提高华北平原晚播小麦产量的重要途径。

二、冬小麦—夏玉米气候变暖适应能力

（一）气温升高 0.8～1.2℃对冬小麦产量没有明显影响

气温升高是未来气候变化的主要特征之一。通过自由大气增温（FATI）方法，冬小麦冠层气温全生育期升高 0.8～1.2℃。温度升高明显缩短了冬小麦生育期，表现为营养生长加快，开花提前 5～6 天，但对灌浆期长短没有明显影响（图 10-4）；此外，温度升高虽然可以增加冬前有效分蘖，增加成穗数，但穗粒数同时有所减少，最终籽粒产量没有显著改变（表 10-5）。

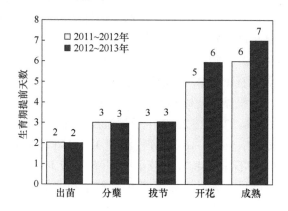

图 10-4　温度升高 0.8～1.2℃对冬小麦生育进程的影响

表 10-5　冬小麦籽粒产量和产量结构

年份	处理	产量/（t/hm²）		穗密度/（穗/m²）		穗粒数		千粒重/g	
		平均	SD	平均	SD	平均	SD	平均	SD
2011～2012 年	增温	6.66a	56.8	622a	36.1	32.1a	0.67	32.9a	0.31
	CK	6.47a	70.6	596a	49.9	33.8a	0.86	32.1a	0.33
2012～2013 年	增温	7.11a	105.8	641a	50.1	33.2b	0.70	33.4a	0.34
	CK	6.85a	60.2	602a	67.1	34.8a	0.90	32.7a	0.36

注：试验有 4 次重复，不同字母表示同一生长季内差异显著（$P<0.05$）。SD. 标准差

（二）气温升高 0.6～1.0℃对夏玉米产量的影响

夏玉米生长季内冠层气温升高 0.6～1.0℃，生长发育进程没有明显变化，干物质产量没有显著变化，增温处理经济系数略有提高但差异也并不显著；相反，

2011 年，地上干物质产量在增温后相比 CK 处理显著减少，而经济系数表现出显著增长。总体而言，最终籽粒产量没有显著变化（表 10-6）。

表 10-6　同时播种条件下温度升高对夏玉米产量性状的影响

年份	处理	籽粒产量/（t/hm²）		地上干物质产量/（t/hm²）		经济系数	
		平均	SD	平均	SD	平均	SD
2011	增温	7.19a	0.38	6.38a	0.45	0.53a	0.03
	CK	6.96a	0.46	7.24b	0.39	0.49b	0.04
2012	增温	7.11a	1.06	6.05a	0.45	0.54a	0.03
	CK	7.00a	0.75	6.46a	0.55	0.52a	0.04

（三）增温实现冬小麦—夏玉米两晚种植

增温处理下冬小麦收获期提前 7 天，收获后及时播种玉米（比非增温处理提前播种 7 天），增温处理下籽粒产量提高 11.0%，收获指数提高 12.5%（表 10-7）。收获期玉米熟相良好，茎秆里存储干物质已经完全转移到籽粒，收获指数达到最大，是夏玉米籽粒产量提高的主要原因。这说明，增温处理能使得冬小麦收获提前，为后茬夏玉米赢得更充分的生长时间，从而提高夏玉米产量和冬小麦—夏玉米复种农田的整体产量（朱永波等，2017）。

表 10-7　温度升高后夏玉米提前播种（紧贴小麦茬口）对产量性状的影响

处理	籽粒产量/（t/hm²）		地上干物质产量/（t/hm²）		收获指数	
	平均	SD	平均	SD	平均	SD
增温	6.87a	0.56	5.85a	0.57	0.54a	0.03
CK	6.19b	0.50	6.71b	0.52	0.48b	0.04

第四节　冬小麦—夏玉米周年抗旱节水高产高效栽培技术

一、冬小麦—夏玉米轮作适应气候灾害的栽培技术

低温冻（寒）害威胁冬小麦生长发育和产量形成；随着全球变暖，高温、水资源减少和干旱频发都是小麦稳产高产所面临的问题。针对华北气候多变、水资源短缺的现实，研究并建立了三套适应不同目标的"气候巧适型"节水高效栽培技术体系，并大面积示范应用。

"冬小麦节水省肥高产技术"被列为 2012～2014 年农业部主推技术，在华北主产区大面积推广。"冬小麦节水省肥高产技术"的特点是在华北缺水区节水灌溉

（春浇 2 水）条件下实现节水省肥高产。冬小麦节水高产栽培水肥调控模式技术原理：常规生产田产量不高的主要原因是播种不匀，导致穗群不均匀，群体内穗粒重变幅 0.2～2.0g。据我们对冬小麦节水高产田的调查，平均穗粒重与个体穗粒重的变异系数呈极显著负相关关系，说明节水高产田在确保足够穗数的基础上，提高穗群均匀性是进一步提高产量的可行途径。穗多穗足穗匀更能适应气候变化，有利于稳产和持续高产。

为适应气候变化、应对水资源减少和干旱频发的问题，提出了冬小麦节水高产栽培水肥调控一般模式：足墒播种+足量基肥—拔节前表层适度水分调亏—拔节至开花期适期灌 1～2 水+适量补肥—灌浆后期利用深层土壤水，腾出土壤库容。以此模式为基础，辅之以配套的抗逆减灾技术，可以适应特殊气候年型，在华北有较广泛应用价值。研究和总结出主要配套措施及效应，并提出了华北冬小麦抗旱节水土壤水分调控指标，实际应用中可根据不同播期、苗情等组配抗逆适应技术体系。

主要技术：①适播期、中群体：控制播期在 10 月 8～13 日，基本苗 28 万～33 万；②窄行距、匀带播：研发成功了"窄行精粒匀播机"，行距 13～15cm，播幅 4～6cm，等深匀播；③配良种、精选籽：选用小叶、多穗、高粒重品种，精选种子，粒匀粒饱；④促深根、控小蘖：拔节前水分调亏控蘖促根；⑤调肥水、增粒重：拔节水和开花水，优配氮磷钾微肥，一喷多防。

综合以上研究结果可知，华北小麦气候灾害适应栽培模式的技术核心是推行小麦适当晚播，窄行距（10cm）精播、暄土覆盖配合镇压，可降低弱株率，提高出苗均匀度和整齐度，实现保墒、防冬春低温冻害等；足墒晚播、不浇冬水、春水晚浇（适期适量）对中期干旱胁迫有显著的补偿作用，即采取前期壮苗防灾、中期技术补偿减灾、后期抗逆适应综合管理模式。

二、冬小麦"晚、密、撒"节水高效栽培技术

针对华北平原区水资源严重短缺、冬小麦—夏玉米一年两熟制光温资源紧张、现实生产中水肥投入和作业工序多、效益低的突出问题，以适应气候多变和干旱、减少土壤水分蒸发、降低群体无效和奢侈耗水、增加水肥利用效率和生产效益为目标，研究并建立了冬小麦"晚、密、撒"节水高效栽培技术（居辉等，2005）。冬小麦"晚、密、撒"节水高效栽培技术与冬小麦晚播增密窄行精粒匀播相似，是一种"气候巧适型"节水高效栽培模式（张金鑫等，2023）。

其核心是：晚播增密，从而确保足够穗数；均匀播种，以优化冠层结构和提高穗群的均匀性。大面积示范表明，此栽培模式实现了稳产和持续高产，每亩产量达到 450～550kg，水分生产效率达到 1.7～2.0kg/m³，节省氮肥 15%～20%，也

更能适应气候多变。关键技术改革：①改抢时早播为增密晚播：减少了冬小麦年前水分消耗，并为夏玉米让出生长时间和光温资源；②改机械条播为机械撒播：田间无行垄，株群均匀分布，减少了苗期土壤裸露和土面水分蒸发；③改耕整地、施肥、播种多次作业为一次性联合作业，简化栽培，提高了生产效率；④改常规的春水早浇、3 次灌溉为春水晚浇、1～2 次限量灌溉，减少无效和低效蒸腾，减少麦田总耗水量，并控制无效分蘖和上层叶片旺长。

为了集成上述关键技术，研制成功了"等深撒播联合播种机"，该机一次进地可以完成施肥、土壤旋耕、等深撒播、起垄、镇压等全部作业，可以实现小麦均匀撒播，且播深一致。主要技术：①选择节水耐密型品种：要求品种具有早熟、耐旱、容穗量大、穗型紧凑、灌浆快的特征。容穗量一般应达每亩 45 万～50 万，超晚播可达 55 万左右，如衡 4399、良星 66、济麦 22、石麦 15 等。②浇足底墒：保证足墒播种。通过浇底墒水把土壤贮水量调整到田间持水量达 80%以上。一般年份每亩浇底墒水 50m^3。秋季多雨年份灌水量可小于 50m^3。③适当晚播、增加密度：冬前主茎叶龄达到 2.5～5.5 叶均为适宜叶龄．但最适叶龄为 3～4 片叶，达到此叶龄，黑龙港低平原区最适播期为 10 月 12～20 日，12 日播种每亩基本苗为 35 万苗．每晚播 1d 增加基本苗 1.5 万。20 日以后播种，基本苗稳定在 50 万，不再增苗。④机械化均匀撒播：前茬玉米收获后清除秸秆，或及时粉碎覆盖还田，要求秸秆粉碎长度小于 5cm，呈碎丝状为好。采用"小麦等深撒播机"，一次完成旋耕、施肥、播种、筑垄作业。撒播方式可为全面撒播，不留空行，也可调为带状撒播。撒种带为 40cm，预留 20cm 宽的空带作为下茬玉米播种行。播前严格调整好机械和播量，控制作业速度，提高播种质量，达到播深一致（播深 3～5cm），出苗和苗群分布均匀。⑤水肥管理：在浇足底墒水基础上，生育期节水灌溉，一般春季浇 1 水或浇 2 水。春浇 1 水，适宜浇水时期在拔节后期至孕穗期，由于晚播大群体，拔节前务必控制供水；春浇 2 水，第 1 水在拔节中后期，第 2 水在开花至花后 10d 以内。底肥施用氮磷钾配方复合肥，一般为每亩施 50kg，春季浇水时适当补施氮肥，每亩全部施氮量为纯氮 12～14kg。

三、冬小麦—夏玉米贮墒旱作高效栽培技术

因华北气候多变、水资源短缺，为避免抽采地下水，研究并建立了冬小麦—夏玉米贮墒旱作高效栽培技术，可以实现"气候巧适型"节水高效栽培模式。冬小麦—夏玉米贮墒旱作高效栽培技术的特点是：确保底墒足，生育期内不浇水，利用自然降水和土壤贮水进行生产，适应气候多变和极端天气，实现稳产目标（Jiang et al.，2008）；常年（小麦生育期降水 90mm 以上）使小麦产量达到 400kg/亩或以上。

为了更好地应对华北气候多变及水资源短缺的现实,在"冬小麦节水省肥高产技术"的基础上,通过窄行精粒匀播,配合控制小蘖成穗,提高穗群均匀性,实现稳穗增重和稳产高产。穗多穗足穗匀更能适应气候变化,有利于稳产和持续高产。主要技术:①适播期、中群体:控制播期在 10 月 8~13 日,基本苗 28 万~33 万。②窄行距、匀带播:研发成功了"窄行精粒匀播机",行距 13~15cm,播幅 4~6cm,等深匀播。③配良种、精选籽:选用小叶、多穗、高粒重品种,精选种子,粒匀粒饱。④促深根、控小蘖:拔节前水分调亏控蘖促根。⑤调肥水、增粒重:拔节水和开花水,优配氮磷钾微肥,一喷多防。

冬小麦—夏玉米贮墒旱作高效栽培技术原理:伏雨春用,充分利用土壤贮水;促根下扎,充分发挥深层根的作用;调冠增穗,充分利用非叶器官光合耐逆机能;平衡配肥,充分发挥磷、钾营养健株抗旱效应;匀苗控株,减少蒸发与奢侈蒸腾。主要技术:①利用底墒水调整土壤贮水,使播前 2m 土体贮水量达到田间持水量的 90%以上;②选用种子根多、灌浆快的节水高效型品种;③适时保量播种,控制冬前叶龄 4~5 叶;④精细整地,窄行宽幅匀条播或沟带匀撒播;⑤播后行内严密镇压;⑥基肥与叶面肥相结合,限氮稳磷增钾补微。技术效果:①比现行春浇 2 水的节水生产技术每亩减少灌溉水 100m^3;②小麦早熟 5~7 天,为夏玉米新增光温资源,有利于玉米增产;③免去了常规灌溉畦埂占地,增加收获面积 10%~15%;④省工节本,适应农田规模化经营。

研究建立了华北冬小麦—夏玉米一年两熟区适应栽培模式。本模式节水省肥高产,冬小麦万亩试验示范区单产达到 500~600kg/亩(个别田块达 650kg/亩),夏玉米单产 650~800kg/亩。小麦足墒晚播可有效地避免干旱和低温的不利影响,保证安全越冬;匀播等措施提高了出苗均匀度和整齐度,降低了弱株率,有利于形成壮苗和构建高效的根-冠结构,提高抵御干旱和低温的能力;采用大群体的高产途径,从返青—拔节需要控制施肥和浇水,可以适应春旱;全生育期只需浇 1~2 水,比传统栽培技术减少 50%~70%的用水量。玉米免耕播种可提高苗期耐涝能力;全生育期原则上不浇水;推迟收获(比农民习惯晚 7~12d),可增加产量 50~100kg/亩。本模式在华北冬小麦—夏玉米一年两熟区有广泛的应用价值,并可以本模式为基础,进一步研究配套抗逆减灾技术,使之更好地适应未来气候变化和应对气象灾害。

参 考 文 献

姜雨萌, 赵风华, 刘金秋, 等. 2015. 极端高温对冬小麦冠层碳同化的影响. 中国生态农业学报, 23(10): 1260-1267.

居辉, 王璞, 周殿玺, 等. 2005. 不同灌溉时期的冬小麦土壤水分变化动态. 麦类作物学报, (3): 76-80.

史鑫蕊, 韩百书, 王紫芊, 等. 2023. 基于 APSIM 模型模拟分析气候变化对不同熟性北方冬小麦生长和产量的影响. 中国农业科学, 56(19): 3772-3787.

薛盈文, 张英华, 黄琴, 等. 2015. 窄行匀播对晚播冬小麦群体环境、个体性状和物质生产的影响. 生态学报, 35(16): 5545-5555.

张金鑫, 葛均筑, 马玮, 等. 2023. 华北平原冬小麦-夏玉米种植体系周年水分高效利用研究进展. 作物学报, 49(4): 879-892.

张英华, 杨佑明, 曹莲, 等. 2015. 灌浆期高温对小麦旗叶与非叶器官光合抗氧化酶活性的影响. 作物学报, 41(1): 136-144.

赵风华, 居辉, 欧阳竹. 2013. 干热风对灌浆期冬小麦旗叶光合蒸腾的影响. 华北农学报, 28(5): 144-148.

朱永波, 王高举, 常建军. 2017. 不同品种夏玉米耐密植试验. 基层农技推广, 5(2): 42-43.

Jiang D, Fan X, Dai T, et al. 2008. Nitrogen fertiliser rate and post-anthesis waterlogging effects on carbohydrate and nitrogen dynamics in wheat. Plant and Soil, 304(1-2): 301-314.

Sun Y, Yang W, Wu Y, et al. 2023. The effects of different sowing density and nitrogen topdressing on wheat were investigated under the cultivation mode of hole sowing. Agronomy, 13(7): 1733.

Zhang L, Chu Q Q, Jiang Y L, et al. 2021. Impacts of climate change on drought risk of winter wheat in the North China Plain. Journal of Integrative Agriculture, 20(10): 2601-2612.

第十一章　气候变化对水资源的影响及适应能力

华北是我国水资源极度匮乏的地区，且农业生产高度依赖灌溉水资源（Yin et al.，2022）。本章基于未来气候变化对区域水资源的影响，阐明气候变化情景下华北水资源的供给能力，有针对性地提出区域农业生产对水资源变化的适应对策，并探讨相关适应措施及其实施方法的可行性。

第一节　不同气候变化情景下水资源量变化趋势

灌溉水资源供给能力是华北农业生产能力的重要保障（吉振明，2012）。基于气候模式预估的未来气候情景，采用全球或区域气候模式模拟的结果驱动 HBV 水文模式（Hydrologiska Byråns Vattenbalansavdelning model），对未来不同气候变化情景下华北地区水资源的变化情况进行模拟，预估未来不同气候变化情景（RCP）和不同灾害情景（干旱、暴雨、高温等）下华北地区水资源变化的特征（Wan et al.，2022；温姗姗，2014）。

一、华北代表性小流域径流量预估

响水堡水文站位于海河流域永定河水系洋河，属于官厅流域国家基本站，地理位置为 40°31′N、115°11′E，建站时间为 1935 年 5 月。响水堡测站位于河北省张家口市辛庄子乡响水铺村，集水面积 14 507km²，形状东西向长，南北向短，略呈扁圆形。主要有东洋河、南洋河、西洋河、洪塘河、清水河、龙洋河等几条支流，河网密集（李娜卿，2021）。

以响水堡水文站控制流域（响水堡流域）内的逐日气温、降水量以及响水堡水文站 1971～1974 年（率定期）逐日流量运行模型，确定敏感性参数，进行参数率定，再以 1975～1978 年（验证期）气象和水文数据开展参数验证。结果表明，对流域径流影响较大的参数包括气温和降水的变化梯度、初始土壤水分、上层土壤退水系数，以及下层土壤的下渗能力和消退系数等（图 11-1）。模型对径流的模拟效果比较理想，响水堡水文站率定期和验证期日径流深模拟值和实测值的确定性系数及纳什效率系数（Nash 系数）均在 0.67 左右，月径流量在率定期的确定性系数和 Nash 系数均超过了 0.9，在验证期都达到了 0.86。说明 HBV 水文模型对官厅流域有较强的适用性，可用于官厅流域未来不同情景的径流预估。

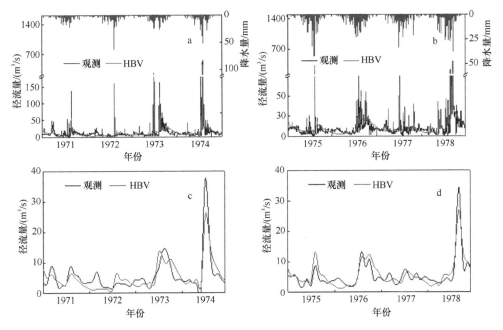

图 11-1 响水堡流域日（a、b）/月（c、d）径流的观测与模拟比较（a、c：率定期；b、d：验证期）

在已率定的响水堡流域内 HBV 水文模型基础上，应用 SRES-A1B、SRES-B1、RCP4.5 共 3 种情景的 CCLM 气候模式模拟的日降水和气温数据驱动水文模型，对未来流域的径流演变进行分析。

2011～2040 年，SRES-A1B、SRES-B1 和 RCP4.5 情景下流域的年均径流量分别为 7.1 亿 m³/s、9.6 亿 m³/s、6.3 亿 m³/s（图 11-2）。SRES-A1B 情景下径流量呈现出缓慢下降的变化趋势，速率为 0.6 亿 m³/10a，SRES-B1 和 RCP4.5 情景下径流量虽有减少但趋势不显著。变化幅度最大的是 SRES-B1 情景，较基准期

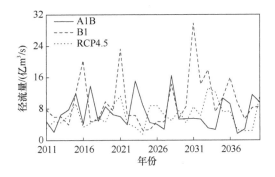

图 11-2 2011～2040 年响水堡水文站径流量预估
A1B 为 SRES-A1B，B1 为 SRES-B1，RCP4.5 代表不同的气候变化情景

的变化范围是–75.3%（2025 年）～185.2%（2031 年），幅度最小的是 SRES-A1B 情景，为–85.7%（2037 年）～58.4%（2029 年）。

2010s 和 2020s 径流量呈现出一致的减少趋势，2030s 因情景而不同，SRES-A1B 情景下的径流量较基准期有大幅度减少，高达 40.6%，但在 SRES-B1 和 RCP4.5 情景下有所增加。在 2010s 中期、2020s 前中期以及 2030s 初期等时段，3 种情景下的预估径流量数值之间的差异较大。

二、未来华北地区水资源量变化趋势

基于统计数据，可知华北平原基准期（1960～2005 年）水资源量约为 515.67 亿 m^3。利用区域气候模式数据对 2016～2050 年华北平原水资源量进行预估，结果如下（图 11-3）。

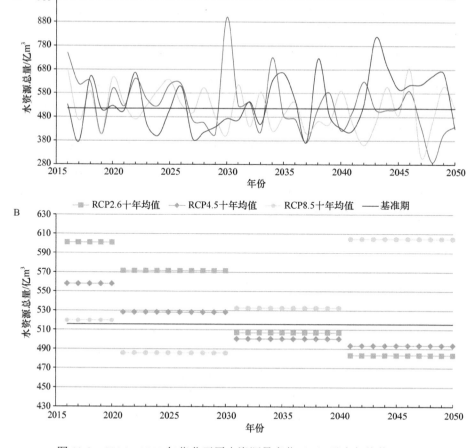

图 11-3　2016～2050 年华北平原水资源量变化（A）及十年均值（B）

RCP2.6 情景下，华北地区水资源量总体呈减小趋势；2030 年以前，华北平原水资源量较基准期有所增长，其中 2010s 及 2020s 分别较基准期增加 16.5%和10.8%；2030s 华北平原水资源量与基准期相差不大，仅约减少了 1.0%；2040s 则较基准期减小了 6.3%。在 2020s 末期，RCP2.6 情景下华北平原的水资源量达到2016～2050 年峰值，约为 900 亿 m³，为基准期水资源量的 1.74 倍。

RCP4.5 情景下，华北地区水资源量变化趋势与 RCP2.6 情景相似，整体呈下降趋势，2010s～2040s 分别较基准期变化了 8.2%、2.4%、−2.9%、−4.3%。在 2040s中期华北平原水资源量达到峰值，水资源量约为 682.79 亿 m³，约为基准期水资源量的 1.32 倍。

RCP8.5 情景下，华北地区水资源量在 2030s 前呈减小趋势，2030s 后逐渐增加。2010s～2040s 较基准期分别变化了 0.7%、−5.8%、3.3%、17.2%。在 2040s前期华北平原水资源量达到峰值，水资源量约为 814.5 亿 m³，约为基准期水资源量的 1.58 倍。

三、不同排放情景下华北平原农业灌溉可用水量预估

假定华北平原用水标准维持 2010 年用水标准（1065.35 亿 m³）不发生改变，其中农业用水、工业用水、居民生活用水、生态环境用水分别为 761.61 亿 m³、151.88 亿 m³、129.13 亿 m³、22.73 亿 m³。农业灌溉可用水量为当年度总水量满足工业生产、居民生活、生态绿地灌溉所需水量后的剩余部分。2016～2050 年不同排放情景下华北平原农业灌溉可用水量见图 11-4。

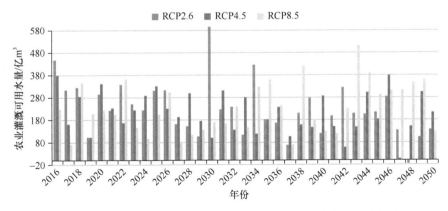

图 11-4 2016～2050 年不同排放情景下华北平原农业灌溉可用水量

RCP2.6 情景下，2016～2050 年华北平原农业灌溉多年平均可用水量为

228.35 亿 m³，约占 2010 年华北平原农业用水量的 30%；其间华北平原农业灌溉可用水资源量呈减少趋势，可用水量最大值为 596.71 亿 m³，出现在 2020s 后期，但该水量仍不能满足华北平原农业灌溉的需求，42%的水量需从其他流域借调；可用水量最小值出现在 2040s 后期，可提供给农业灌溉的用水量为–15 亿 m³，这意味着在该时期华北平原的水资源总量不能满足工业生产及居民生活所需，农业灌溉所需水量将全部需要从其他流域借调。

RCP4.5 情景下，2016～2050 年华北平原农业灌溉多年平均可用水量为210.87 亿 m³，为 2010 年华北平原农业用水量的 27.7%；其间华北平原农业灌溉可用水资源量同样呈减少趋势，可用水量最大值为 379.35 亿 m³，约占 2010 年华北平原农业灌溉用水量的 50%；可用水量最小值为 7.21 亿 m³，仅为 2010 年华北平原农业用水量的 0.9%，约发生在 2040s 中期。

RCP8.5 情景下，2016～2050 年华北平原农业灌溉多年平均可用水量为234.16 亿 m³，约为 2010 年华北平原农业用水量的 30.7%；其间华北平原农业灌溉可用水量 2030s 前呈减小趋势，2030s 后呈增加趋势。其中，农业灌溉可用水量最大值出现在 2040s 前期，为 510.74 亿 m³，约为 2010 年华北平原农业用水量的 71.3%；最小值则出现在 70.5 亿 m³，仅为 2010 年农业用水量的 9.3%，约发生在 2030s 后期。

综合三个不同排放情景下华北平原农业灌溉多年平均可用水量的变化特征可以发现，2016～2050 年华北平原的水资源总量不足以满足华北平原的用水需求。为保证华北平原生产生活正常进行，水资源调用势在必行。参照 2010 年农业用水标准并维持不变，2016～2050 年华北平原（RCP2.6、RCP4.5、RCP8.5 三个不同排放情景下）农业灌溉多年平均可用水量与需调水量变化特征见图 11-5，可见其间需调水量多数均超过了供水量，合理制定华北平原水资源适应政策，对华北平原生产生活具有十分重要的意义。

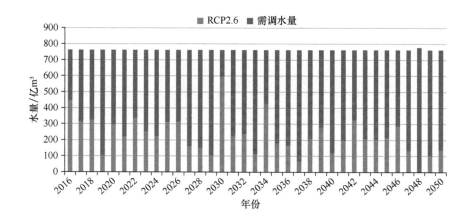

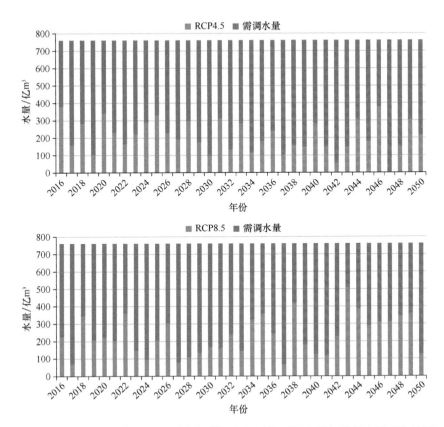

图 11-5　2016～2050 年华北平原农业灌溉多年平均可用水量与需调水量变化特征

第二节　升温 1.5℃和 2℃时华北平原水资源特征

一、升温年份确定

2015 年 12 月 12 日巴黎气候变化大会通过了全球变化新协定——《巴黎协定》,指出应加强对气候变化威胁的全球应对,把全球平均气温较工业化前(1850～1900 年)水平升高控制在 2℃以内,并为把升温控制在 1.5℃以内而努力(石英等,2010)。为了综合评估升温 1.5℃和 2℃时华北平原水资源变化情况, 首先根据 COSMO-CLM 区域气候模式各排放情景下平均温度的变化趋势判断华北平原相对工业革命前 1850～1900 年升温 1.5℃和 2℃的年份(韩振宇等,2022)。2010～2100 年不同排放情景下的平均温度变化特征如图 11-6 所示。结果表明,RCP2.6、RCP4.5、RCP8.5 三种排放情景下华北平原升温 1.5℃年份分别为 2028 年、2033 年和 2020 年;RCP2.6、RCP4.5、RCP8.5 三种排放情景下升温 2℃年份分别为 2043 年、2038 年和 2031 年。

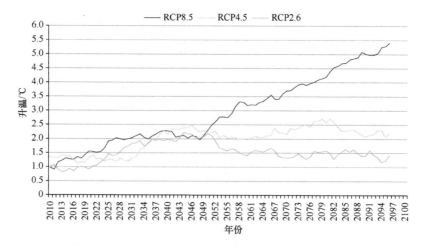

图 11-6 华北平原不同排放情景下升温年份确定

二、代表性小流域径流特征

以响水堡水文站以上流域为例，分析不同情景下升温 1.5℃和 2℃时枯水期和丰水期径流量特征（图 11-7）。其中以 Q_{90} 代表日流量序列中有 90%的流量超过该值，代表枯水极值；以 Q_{10} 代表日流量序列中有 10%的流量超过该值，代表丰水极值（赵梦霞等，2020）。

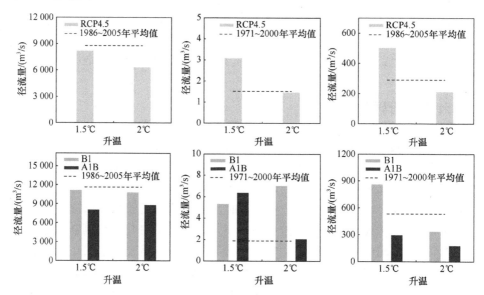

图 11-7 升温 1.5℃和 2℃时官厅流域多年平均年径流量（左）、枯水期（中）和丰水期（右）径流量特征

RCP4.5 情景下，响水堡水文站基准期（1986～2005 年）年均径流量为 8732.5m³/s，枯水极值约为 1.55m³/s，丰水极值约为 294.1m³/s。升温 1.5℃时，年平均径流量略有减少，约为 8209.9m³/s，枯水极值和丰水极值均增加，分别为 3.1m³/s 和 503.8m³/s；升温 2℃时，流域年平均径流量大幅下降，约为 6306.2m³/s，枯水极值接近基准期结果，丰水极值减少，分别为 1.5m³/s 和 216.3m³/s。

A1B 情景下，响水堡水文站基准期（1971～2000 年）年均径流量为 11 617.3m³/s，枯水极值约为 1.97m³/s，丰水极值约为 543.9m³/s。升温 1.5℃时，年平均径流量明显下降，约为 8088.9m³/s，枯水极值增加，丰水极值减小，分别为 6.4m³/s 和 301.2m³/s；升温 2℃时，流域年平均径流量较基准期减少，约为 8821.4m³/s，枯水极值较基准期而言变化不大，而丰水极值明显减少，分别为 2.1m³/s 和 172.1m³/s。

B1 情景下，响水堡水文站控制流域基准期（1971～2000 年）年均径流量为 11 617.3m³/s，枯水极值约为 1.97m³/s，丰水极值约为 543.9m³/s。升温 1.5℃时，年平均径流量变化不大，约为 11 135.8m³/s，枯水极值和丰水极值明显增加，分别为 5.35m³/s 和 867.1m³/s；升温 2℃时，流域年平均径流量较基准期略有下降，约为 10 863.8m³/s，枯水极值增加，丰水极值减少，分别为 7.07m³/s 和 341.5m³/s。

三、水资源分布特征

华北平原升温 1.5℃和 2℃时，万元 GDP 可用水量相对 1986～2005 年平均万元 GDP 可用水量的变化如图 11-8 所示。其中升温 1.5℃时，华北平原万元 GDP 可用水量的最大值和最小值分别为 761m³、5.8m³，约为基准期的 3.87 倍和 0.03

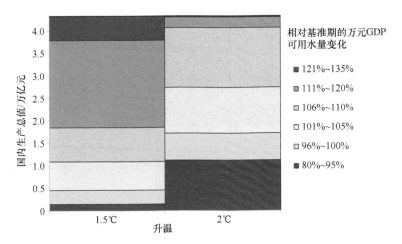

图 11-8　升温 1.5℃和 2℃时华北平原万元国内生产总值（GDP）可用水量相对 1986～2005 年
变化

倍，受缺水影响的 GDP 约为 0.45 万亿元，占 GDP 总量的 10.5%。而在升温 2℃时万元 GDP 可用水量的最大值和最小值分别为 708m³、5.1m³，约为基准期的 3.6 倍和 0.026 倍。受缺水影响的 GDP 总量是升温 1.5℃时的 3 倍多，达到 1.7 万亿元，占 GDP 总量的 40%。当温度升高 0.5℃时，产生同样 GDP 产值可用水量将减小 20%左右，相同量值的国内生产总值在升温 2℃时将比升温 1.5℃面临更加严重的缺水情况。

升温 1.5℃和 2℃时，华北平原万元 GDP 可用水量空间分布如图 11-9 所示，右图为升温 2℃与升温 1.5℃万元 GDP 可用水量的差值，表明温度增加 0.5℃时，华北平原万元 GDP 可用水量的变化情况。升温 1.5℃时，华北平原全境万元 GDP 可用水量约为 208.8m³。万元 GDP 可用水量值较大的区域主要分布在华北平原的南部地区，最大值约为 761.98m³，值较小的区域主要分布在华北平原东北部地区，最小值为 5.83m³。升温 2℃时华北平原万元 GDP 可用水量的空间分布与 1.5℃类似，华北平原全境万元 GDP 可用水量约为 196.98m³。其中最大值、最小值分别为 707.56m³、5.06m³。当升温增加 0.5℃时，华北平原大部分地区的万元 GDP 可用水量都在减少，其中东南部情况最为严重，北部次之。万元 GDP 可用水量增加的地区主要分布在华北平原的西部一侧，其中河南省西南部的万元 GDP 可用水量相对增加较为明显，万元 GDP 可用水量增长均在 15m³ 以上，约为升温 1.5℃华北平原平均万元 GDP 可用水量的 7.2%。

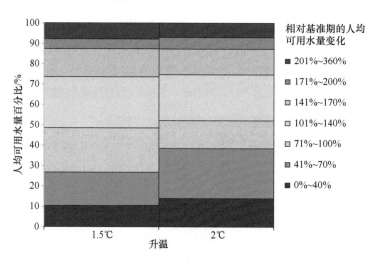

图 11-9　升温 1.5℃和 2℃时华北平原人均可用水量变化（相对 1986～2005 年）

升温 1.5℃和 2℃时，华北平原人均可用水量相对 1986～2005 年的变化如图 11-10 所示。升温 1.5℃时，华北平原全境人均可用水量约为 254.44m³，其中人均可用水量的最大值、最小值分别为 1031.8m³、11.9m³，约为基准期的 4.4 倍和 0.05 倍，变化幅度明显。升温 2℃时，华北平原人均可用水量的最大值、最小值分别为 845.32m^3、9.15m^3，约为基准期的 3.6 倍和 0.04 倍，变化幅度与升温 1.5℃时相差不大。升温 1.5℃时，有 48%的人口人均可用水量少于基准期，其中，10%的人口人均可用水量小于基准期的 40%，当升温达 2℃时，人均用水量小于基准期 40%的人口增加至 14%，有 52%的人口人均可用水量少于基准期。人均可用水资源量为基准期 2 倍以上的人口也从 8%降至 7%。总的来说，升温 2℃时人均可用水资源量将减小，缺水人口将增加。

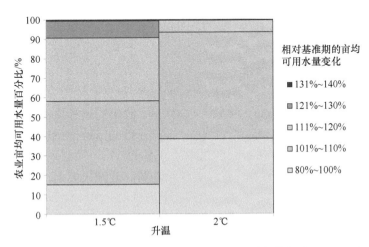

图 11-10　升温 1.5℃和 2℃时华北平原农业灌溉亩均可用水量相对 1986～2005 年变化

升温 1.5℃时，华北平原人均可用水量值较大的区域主要在华北平原的东南部地区，最大值约为 1031.2m^3。值较小的区域位于华北平原北部，最小值约为 11.9m^3。升温 2℃时华北平原人均可用水量空间分布与升温 1.5℃时相似，中南部略有差异，人均可用水量大于 400m^3 的区域有所减少。从升温 1.5℃和 2℃的差值图可以看出，当升温幅度增加 0.5℃时，华北平原大部分地区的人均可用水量都在减少，其中东南部情况最为严重，北部次之，最大减小量约为升温 1.5℃时平均人均水量的 118%。人均可用水量增加的地区主要分布在华北平原西部的一些零星区域，其中河南省西南部的人均可用水量增加较为明显。

华北平原升温 1.5℃和 2℃时，亩均可用水量相对 1986～2005 年的变化见图 11-10。当温度升高 1.5℃时，华北平原全境亩均可用水量约为 121.06m^3，其中华北平原亩均可用水量最大值、最小值分别为 487.37m^3、25.41m^3，约为基准期的 4.34 倍和 0.23 倍，有 15%的农业用地亩均可用水量少于基准期。当温度升高 2℃时，华北平原全境亩均可用水量约为 111.38m^3，其中华北平原亩均可用水量最大值、最小值分别为 369.16m^3、24.6m^3，约为基准期的 3.28 倍和 0.21 倍，亩均可用水量少于基准期的农业用地比例增加至 39%，即升温增加 0.5℃，华北平原缺水面积将增大。

升温 1.5℃时，华北平原南部亩均可用水量整体高于北部地区，值较大的区域主要集中在华北平原的东南部一侧地区，升温 2℃时亩均可用水量高值区域略有减少。从升温 1.5℃和 2℃的差值图可以看出，在升温 2℃时，华北平原大部分地区的亩均可用水量都在减少，其中，中东部情况最为严重。人均可用水量增加的地区主要分布在华北平原的西部地区，其中河南省中西部的亩均可用水量增加较为明显。

第三节　华北平原不同情景下干旱变化趋势

一、华北平原干湿变化特征

利用区域气候模式 COSMO-CLM（CCLM）输出的逐月降水预估数据（吴天晓等，2023），利用标准化降水指数（the standardized precipitation index，SPI），研究华北平原 2016～2050 年干湿变化特征（图 11-11）。结果表明：RCP2.6 情景下，华北平原在时间和空间上均有显著变干趋势。时间尺度上，2030s 前华北平原呈"涝"状态居多，2030s 前期存在严重洪涝事件；2030s 后华北平原向干旱状态转变，2040s 后期干旱形势则十分严峻。空间尺度上，2016～2050 年华北平原整体呈明显变干趋势。RCP4.5 情景下，华北平原同样在时间和空间上有显著的变干趋势。从时间上来看，2010 年后期至 2030s 中期华北平原多呈"涝"的状态，2030s 后期至 2050 年干旱形势明显，2040s 干旱形势严峻。空间上，华北平原大部分区域显著变干，其西北部及东南部相较于其他地区变干趋势略微不明显。而RCP8.5 情景下，华北平原在 2040s 前基本呈"旱"的状态，其中 2020s 后期至 2030s 中期干旱严重，干旱强度较其他年份更大，2040s 华北平原呈"涝"的状态，且2040s 前期相对 2040s 后期，洪涝的强度更大。空间上，2016～2050 年华北平原全境基本呈现显著变湿的趋势，在近渤海区域有微弱的变干趋势。

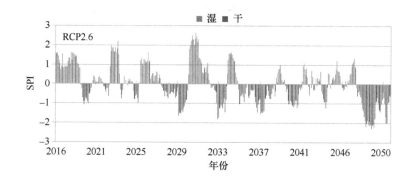

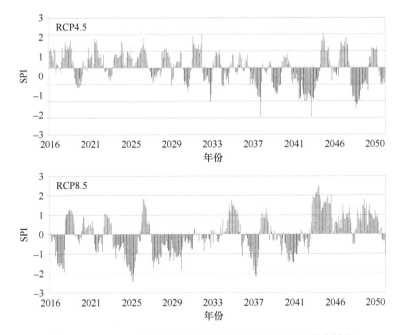

图 11-11　2016～2050 年华北平原不同情景下干湿变化特征

二、华北地区干旱特征变化趋势

基于华北地区不同情景下干旱指数成果，结合"强度-面积-持续时间"（intensity-area-duration，IAD）方法（Zhai et al.，2017），研究华北平原 3 种排放情景下干旱特征。

（一）频次特征

RCP2.6 情景下，华北平原干旱事件高频区主要位于华北平原北部北京、天津及山东北部一带，2016～2050 年共发生约 23 次干旱事件，干旱低频区则主要分布在华北平原中西部的河北省南部地区及平原南部江苏省部分地区，干旱发生约 7 次。

RCP4.5 情景下，华北平原干旱发生频次最高的地区分布在华北平原北部的河北省南部地区及平原南部的安徽省北部地区，约发生干旱 26 次；干旱发生较少的地区位于华北平原中部，约为 7 次。

RCP8.5 情景下，华北平原干旱事件发生高频区位于华北平原的北部京津冀地区及东南部的鲁、皖、苏三省交界一带，约发生 23 次，干旱发生较少的地区主要位于平原西部，约发生干旱 8 次。

（二）强度特征

RCP2.6 情景下，华北平原干旱高强度区域主要分布在平原西部及东南部，达重旱级别，该区域干旱强度呈不明显的减弱趋势。低强度区主要分布在华北平原东部，为中旱，该地区干旱强度呈不显著的增加趋势。RCP4.5 情景下，华北平原干旱的高强度地区主要集中在华北平原的北部北京地区，为重旱。低强度区域主要分布在华北平原的南部，强度呈不显著的增加趋势。RCP4.5 情景下，华北平原大部分地区干旱强度均呈不显著的减小趋势，华北平原的北部北京一带及平原最南部地区呈显著减小趋势。RCP8.5 情景下，华北平原的高强度区域主要分布在平原的西部河南、河北两省交界一带及南部河南、安徽两省交界一带，且该区域的干旱强度呈增加趋势。2016～2050 年，华北平原的中部干旱强度呈增加趋势，北部及南部干旱强度呈减小趋势。

（三）持续时间特征

RCP2.6 情景下，华北平原 2016～2050 年干旱平均持续时间为 5.6 个月，最长干旱持续时间为 7.7 个月，主要发生在华北平原西北部及西南部。干旱最短持续时间为 4 个月，主要分布在华北平原的南部。2016～2050 年华北平原最北部及中南部地区干旱持续时间有减小趋势，中部、北部地区干旱持续时间则有增加的趋势。

RCP4.5 情景下，华北平原 2016～2050 年干旱平均持续时间约为 5.8 个月，干旱持续时间较长的地区主要分布在平原的中部，约为 10 个月，持续时间较短的地区位于华北平原的北部及南部小部分地区，干旱持续期约为 3.5 个月。2016～2050 年，华北平原大部分地区干旱持续时间均呈不显著的增加趋势，东南部地区呈不显著的减小趋势。

RCP8.5 情景下，华北平原 2016～2050 年干旱平均持续时间为 5.7 个月，干旱持续期较长的地区位于华北平原的西北部及中部，持续期约为 10.2 个月，持续期较短的地区主要分布在华北平原的东南部，持续期约为 3.6 个月。2016～2050 年，华北平原除了南部地区及最北端小部分地区呈增加趋势，其余地区干旱持续时间均呈减小趋势。

第四节　华北平原不同情景下干旱事件及对农业的影响

一、不同情景下干旱事件预估

不同 RCP 情景下，2016～2050 年华北平原发生的干旱事件如图 11-12 所示。

其中，基准期（1960～2005 年）干旱事件的强度-面积曲线代表在 1960～2005 年干旱最严重的情况。

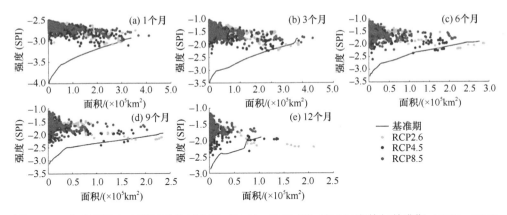

图 11-12　华北平原未来不同排放情景下（2016～2050 年）的干旱事件与基准期（1961～2005 年）干旱事件的强度-面积曲线的比较

2016～2050 年 RCP2.6 情景下华北平原共发生 35 次 45 年未遇的干旱事件，其中 27 次为前所未遇的大强度干旱事件，其强度略大于基准期；8 次为前所未遇的大面积干旱事件。这些事件大部分持续时间较长，且面积可达基准期最大干旱面积的 1.5～2 倍。RCP4.5 情景下共发生 20 次 45 年未遇的干旱事件，其中 5 次为前所未遇的大面积干旱事件，均为持续 12 个月的事件，干旱影响面积为基准期最大干旱面积的 1.1～1.5 倍。而对于短、中持续期干旱（持续 1、3、6、9 个月），RCP4.5 情景下仅发生了 15 次 45 年未遇的大强度干旱事件，未有前所未遇的大面积干旱事件发生。RCP8.5 情景下仅有 7 次 45 年未遇的干旱事件，主要表现为 1～3 个月的短期干旱事件，其中有 5 次干旱事件的影响面积大于基准期，但面积增幅相对较小，约比基准期大 0.5 万 km²。

综上所述，RCP2.6 情景下发生前所未遇干旱事件的频次最高，并以大强度事件居多；RCP4.5 情景下此类事件特点鲜明，短或中持续期的事件以强度大于基准期为主，长持续时间尺度下发生影响范围更大的干旱事件居多；RCP8.5 情景下，发生此类事件的可能性最小，且多以持续时间较短的前所未遇大面积干旱事件为主。

二、最强干旱事件风险时空分布特征

2016～2050 年华北平原不同排放情景下最强干旱事件的时空分布如图 11-13 所示，不同持续时间的干旱强度-面积曲线反映了该持续时间下干旱最严重情况（陈静等，2016）。

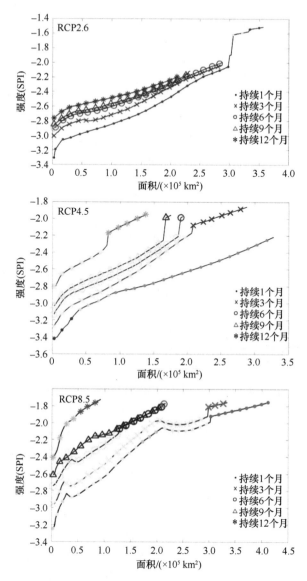

图 11-13　2016～2050 年华北平原不同排放情景最强干旱事件时空分布

RCP2.6 情景下强度-面积曲线主要由发生在 2040s 后期、少量发生于 2010s 后期及 2030s 前期的事件组成，发生时段集中，其中 2010s 后期及 2030s 前期的干旱事件主要发生在华北平原中北部，2040s 后期干旱事件则主要发生在华北平原南部，干旱事件中心向南迁移。

RCP4.5 情景下干旱事件的强度-面积曲线主要由 2030s 后期及 2040s 干旱事件组成，发生时间相对较为集中；其中，发生在 2030s 后期的干旱事件在空间上主要分布在华北平原的北部，2040s 发生的干旱事件主要分布在华北平原的中部，干旱中心向华北平原南部迁移。

而 RCP8.5 情景下干旱发生时段较为分散，构成不同持续时间干旱事件强度-面积曲线，事件发生时段包括 2010s 后期、2020s 前期、2030s 后期及 2040s 前期等 4 个时期。其中，发生在 2010s～2030s 时段的干旱事件在空间上主要集中在华北平原的西部地区，发生时间较晚（2040s）的干旱事件，则主要分布在华北平原的南部，RCP8.5 情景下华北平原干旱中心向东南方向迁移。

综合三个排放情景下华北平原最强干旱事件的时空分布可以发现，低排放情景下干旱极端情况发生时间较晚，高排放情景下干旱极端情况发生时段越靠前，风险越大。且华北平原的干旱中心正逐步向华北平原南部迁移，华北平原南部将面临前所未有的干旱风险考验。

三、不同背景下干旱对华北平原农业用地的影响

2016～2050 年华北平原干旱农业用地面积暴露度如图 11-14 所示，基准期（1961～2005 年）华北平原平均每年暴露在干旱下的农业用地面积累计达 53.14 万 km²，平均每月暴露在干旱下的农业用地面积占总耕地面积的 15.8%。

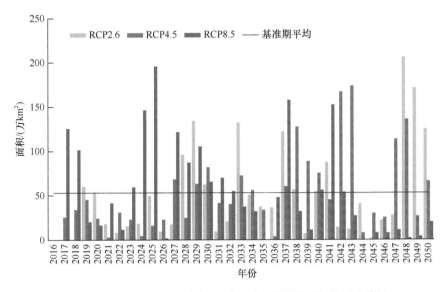

图 11-14　2016～2050 年华北平原干旱农业用地面积暴露度特征

RCP2.6 情景下，2016～2050 年，华北平原平均每年暴露在干旱下的农业用地面积为 49.6 万 km²，相当于每月 14.8% 的农业用地面积将遭受干旱，农业用地

暴露度整体呈增加趋势。2030s 前 RCP2.6 情景下农业用地暴露度多小于基准期，平均偏小约 26.5%；2030s 期间农业用地暴露度有所增加，增长幅度最大为基准期的 1.5 倍；2040s 前期和中期华北平原农业用地的暴露度也普遍小于基准期，是基准期的 50%左右；2040s 后期为华北平原在该情景下干旱最严重的时期，暴露于干旱的农业用地面积大幅增长，最大增幅达基准期近 3 倍，该时期华北平原平均每月大约有 62.7%的农业用地将遭受干旱的袭击。

RCP4.5 情景下，2016～2050 年，华北平原平均每年暴露的农业用地面积为 51.8 万 km^2，相当于每月约有 15.4%的农业用地将遭受干旱的损害，农业用地暴露度的变化趋势与 RCP2.6 情景相似，整体呈增加趋势，增长速率略大于 RCP2.6 情景。2010s 后期至 2020s 中期，RCP4.5 情景下华北平原农业用地暴露度小于基准期平均值，平均每年约为基准期的 48.8%；2020s 后期开始呈现增大趋势，直至 2040s 前期达到农业用地暴露度峰值，最大暴露度面积约为基准期的 2.2 倍，即平均每月约有 53%的农业用地面积将暴露在干旱灾害之下。

RCP8.5 情景下，2016～2050 年，华北平原平均每年农业用地暴露度为 52.5 万 km^2，相当于平均每月 15.6%的农业用地会遭受干旱侵袭，农业用地暴露度呈先增加后减小的趋势，峰值出现在 2020s 中期，相当于基准期的约 2.7 倍，平均每月约有 61%的农业用地面积会遭受干旱。2020s 后期至 2030s 中期，华北平原农业用地的暴露度呈减小趋势，而后在 2030s 后期及 2040s 前期，暴露度有显著的增大，出现了两个极大值，其暴露的农业用地面积分别是基准期的 2 倍及 1.9 倍，相当于华北平原平均每月约有 46.9%的农业用地将遭受干旱。2040s 中后期，华北平原农业用地暴露度将大幅减小，减幅达基准期的 60%～90%。

参 考 文 献

陈静, 刘洪滨, 王艳君, 等. 2016. 华北平原干旱事件特征及农业用地暴露度演变分析. 中国农业气象, 37(5): 587-599.

韩振宇, 徐影, 吴佳, 等. 2022. 多区域气候模式集合对中国径流深的模拟评估和未来变化预估. 气候变化研究进展, 18(3): 305-318.

吉振明. 2012. 新排放情景下中国气候变化的高分辨率数值模拟研究. 北京: 中国科学院青藏高原研究所博士学位论文.

李娜卿. 2021. 响水堡水文站河道水位——流量关系探讨. 河北水利, (4): 44-45.

石英, 高学杰, 吴佳, 等. 2010. 华北地区未来气候变化的高分辨率数值模拟. 应用气象学报, 21(5): 580-589.

温姗姗. 2014. 未来气候情景下官厅流域径流预估及水文旱涝分析. 南京: 南京信息工程大学硕士学位论文.

吴天晓, 李宝富, 郭浩, 等. 2023. 基于优选遥感干旱指数的华北平原干旱时空变化特征分析. 生态学报, 43(04): 1621-1634.

赵梦霞, 苏布达, 王艳君, 等. 2020. 气候变化对东部季风区赣江和官厅流域径流的影响. 气候变化研究进展, 16(6): 679-689.

Wan W, Liu Z, Li J, et al. 2022. Spatiotemporal patterns of maize drought stress and their effects on biomass in the Northeast and North China Plain from 2000 to 2019. Agricultural and Forest Meteorology, 315: 108821.

Yin G D, Wang G Q, Zhang X, et al. 2022. Multi-scale assessment of water security under climate change in North China in the past two decades. Science of The Total Environment, 805: 150103.

Zhai J Q, Huang J L, Su B D, et al. 2017. Intensity-area-duration analysis of droughts in China 1960-2013. Climate Dynamics, 48: 151-168.

第十二章　华北地区农业对气候灾害的适应能力

第一节　数据资料及评估方法

一、资料来源

考虑到华北地区适应能力涉及农业和社会经济综合适应能力评估，根据华北区域的农业和社会经济特点，农业的适应能力评估以华北平原农业生产潜力为主，社会经济以华北行政区划经济数据为主。农业适应能力评估选择的华北平原主要指长城沿线以南，秦岭—淮河—白龙江以北，黄土高原以东，汾渭河以西地区，主要包括北京、天津、山西、河北、河南、江苏、安徽、山东省（市）的全部或部分。社会经济研究所指的华北区域以行政区划为主，主要包括北京、天津、山西、河北、内蒙古，适应能力评估时间长度至 2030 年，最长也可至 2050 年。

通过多种途径收集资料，并结合多个学科领域的专家咨询，整理并汇总基础数据，包括历史气象记录、未来气候情景数据集、气象灾害年鉴、农业年鉴及相关资料。此外，社会经济数据的收集已实现省级全覆盖，部分地区可精确至县级。社会经济适应能力分析以影响分析为基础，需要长时间序列的社会经济数据，如农业资本、劳动力和反映气候灾害要素的温度、降水，以及相对应的气候灾害数据。从农业经济数据的获取程度来看，《新中国六十年统计资料汇编》以及历年《北京统计年鉴》《天津统计年鉴》《河北经济年鉴》《山西统计年鉴》《内蒙古统计年鉴》基本可以满足华北地区各省社会经济发展数据的需求，尤其针对华北地区人口总量、经济发展水平、城市化率以及产业结构变化的数据基本可满足研究需要。总之，目前获取的全国和华北地区各省市的相关各项数据，为开展农业和社会经济对气候灾害的适应能力定量分析提供了基本保障。

二、评估方法

（一）小麦对干旱的暴露程度分析

"暴露度"指人员、生计、环境服务和各种资源、基础设施以及经济、社会或文化资产处在有可能受到不利影响的位置。本研究采用综合气象干旱指数（CI）来表征小麦对干旱灾害的暴露度（Zhao et al., 2023）。CI 是利用近 30 天（相当于月尺度）

和近 90 天（相当于季尺度）降水量标准化降水指数，以及近 30 天相对湿润度指数进行综合分析而得，该指标既反映短时间尺度（月）和长时间尺度（季）降水量气候异常情况，又反映短时间尺度（影响农作物）水分亏欠情况（杨天一等，2022）。

（二）小麦对干旱的敏感性分析

在分析气候变化敏感性时，首先要明确敏感度的概念，敏感度是指一个系统在受到某种气候变化胁迫压力或一系列胁迫压力作用下所受到的损害或遭受影响的程度（Zhang et al.，2021）。根据敏感度的定义，我们将小麦对干旱的敏感性定义为小麦产量受旱灾影响的程度，即通常所说的小麦对干旱的耐旱能力。根据中华人民共和国气象行业标准《小麦干旱灾害等级》中干旱等级的划分，本研究选用作物水分亏缺率（适用于全国麦区）作为旱灾等级的划分指标，进而明确不同旱灾等级对小麦产量的影响程度。本研究将小麦对干旱的敏感性定义为主要生育阶段作物水分亏缺率的函数。

$$S = \left(G_0 + G_1 + G_2 + G_3\right)/4 \tag{12.1}$$

式中，S 为敏感性；G_0 为全生育期小麦水分亏缺率；G_1 为播种期小麦水分亏缺率；G_2 为拔节—抽穗期小麦水分亏缺率；G_3 为灌浆—成熟期小麦水分亏缺率。

作物水分亏缺率：依据农田水分平衡原理，小麦生育阶段的水分亏缺率可以描述为小麦生育阶段的自然供水量与蓄水量的差占需水量的百分比的负值。包括的指标有主要生育阶段的自然供水量（这里忽略生育阶段的地下水供给量，有效底墒和有效降水量之和代表自然供水量）、小麦生育阶段的蓄水量（日平均气温、地面净辐射、2m 高处风速、饱和水气压、实际水气压等指标）。

（三）小麦对干旱的适应能力分析

选定了适应能力评估的指标，建立了适应能力综合评估模型。

1）适应技术的适应能力及适应效果

适应技术综合评估：$Y=Ay_1+By_2+Cy_3+Cy_4$，$y= ax_1+bx_2+cx_3$

式中，Y 为适应技术的综合适应能力指数；y 为适应技术的二级评估指标（如技术效益、经济效益、生态效益、社会效益）；x_1、x_2、x_3 是基于适应技术对小麦在干旱条件下的表现所做的具体评估，即用来计算 y 的二级指标。y_1 代表技术效益；y_2 代表经济效益；y_3 代表生态效益；y_4 代表社会效益；A、B、C、D 分别为 $y1$、$y2$、$y3$、$y4$ 的权重系数，取值范围为 0～1，且满足 $A+B+C+D=1$；a、b、c 分别为 $x1$、$x2$、$x3$ 的权重系数，取值范围为 0～1，且满足 $a+b+c=1$。

技术效益指标 y_1：水分利用率、灌溉水利用率。

经济效益指标 y_2：劳动力投入（工作日数×工资）、化肥投入（用量×价格）、种子投入（元/亩）、单位面积产量、产量价格、增产率、灌溉投入。

生态效益指标 y_3：温室气体排放、土壤肥力。

社会效益指标 y_4：技术可靠性、技术推广可能性、农民接受度。

2）人力资源对干旱的适应能力

包括文化程度、年龄、性别。

3）基础设施建设的适应能力

包括单位面积配备的机井数（眼/m²）、单位面积耕地的灌溉机械总动力（kW）；有效灌溉面积占区域总耕地面积的比重（%）。

4）基础经济适应能力

包括人均 GDP、人口密度、非农产值比重、非农人口比例、农民人均收入。对于不同指标的权重，需要召开专家咨询会确定。

本研究采用多标准综合评估与模型相结合的方法，以华北地区的典型农作物冬小麦为研究对象，综合评估华北地区冬小麦对潜在干旱的适应能力及其脆弱性。脆弱性（vulnerability）指系统容易受到但却无力应对气候变化的各种不利影响的程度，其中包括气候变率和极端事件，脆弱性是暴露度、敏感性和适应能力的综合函数（Houghton et al.，2001；McCarthy et al.，2001）。脆弱性随气候变化的特征、幅度和速率而发生变化，并随着系统的暴露程度、敏感性及其适应能力而改变。一方面，脆弱性与气候变化的趋势和影响程度有关，取决于系统的暴露度和敏感性，暴露度和敏感性程度越高，系统的脆弱性越高。另一方面，脆弱性与系统自身的调节及恢复能力有关，取决于系统适应气候变率或极端气候事件的能力，适应能力越高，系统的脆弱性越低。冬小麦对干旱的脆弱性是指冬小麦的生长发育过程及产量可能遭受但无法应对干旱带来的不利影响的程度。冬小麦生态系统的脆弱区域一般是对干旱最暴露和最敏感，但适应能力差的区域。本研究通过以下公式计算冬小麦对干旱的脆弱性（McCarthy et al.，2001）。

$$脆弱性 = \frac{暴露度 \times 敏感性}{适应能力} \tag{12.2}$$

将暴露度、敏感性、适应能力和脆弱性划分为 5 个等级（非常低、低、中等、高和非常高），采用地理信息系统（ArcGIS），绘制黄淮海地区冬小麦对干旱的暴露度、敏感性、适应能力和脆弱性的区域分布图，识别黄淮海地区冬小麦对干旱的脆弱区域，并从暴露度、敏感性和适应能力三方面分析其脆弱的原因。暴露度、敏感性、适应能力和脆弱性各等级的值如表 12-1 所示。

表 12-1　暴露度、敏感性、适应能力和脆弱性各等级的值

	非常低	低	中等	高	非常高
暴露度（E）	$E > -0.4$	$-0.65 < E \leqslant -0.4$	$-0.80 < E \leqslant -0.65$	$-0.95 < E \leqslant -0.80$	$E \leqslant -0.95$
敏感性（S）	$S < 5\%$	$5\% \leqslant S < 15\%$	$15\% \leqslant S < 35\%$	$35\% \leqslant S < 55\%$	$S \geqslant 55\%$
适应能力（AC）	$AC \leqslant 0$	$0 < AC \leqslant 15\%$	$15\% < AC \leqslant 30\%$	$30\% < AC \leqslant 45\%$	$AC > 45\%$
脆弱性（V）	$0 < V < 1$	$1 \leqslant V < 2$	$2 \leqslant V < 3$	$3 \leqslant V < 4$	$V \geqslant 4$

（A）暴露度

冬小麦对干旱的暴露度（exposure）是指冬小麦生长在易于暴露或遭受到干旱带来不利影响的位置（Parry et al., 2007）。本研究选取《气象干旱等级》（GB/T 20481—2017）中的相对湿润度指数（RMI）作为评价指标，该指数反映了冬小麦生长季的水分平衡状况，从而表征冬小麦生长季的干旱程度，并根据《气象干旱等级》中的等级标准划分冬小麦对干旱的暴露度等级（中国气象局，2006）。

$$M = \frac{P - PE}{PE} \tag{12.3}$$

式中，M 为相对湿润度指数（RMI），P 为冬小麦生长季的降雨量，单位 mm；PE 为冬小麦生长季的可能蒸散量，单位 mm，用彭曼法（FAO Penman-Monteith）计算可能蒸散量。

（B）敏感性

冬小麦对潜在干旱的敏感性（sensitivity）是指潜在干旱对冬小麦生长及产量的影响。相同暴露度条件下，由于各地区的土壤环境条件和作物特性不同，潜在干旱对冬小麦产量的影响可能不同。本研究应用 DSSAT 模型模拟 RCP8.5 情景下，充分灌溉和雨养条件下冬小麦的产量，识别出潜在干旱的影响，用产量变化率表征冬小麦对干旱的敏感性等级。

$$\text{Sensitivity} = \frac{Y_{\text{full}} - Y_{\text{no}}}{Y_{\text{full}}} \times 100\% \tag{12.4}$$

式中，Sensitivity 为冬小麦对潜在干旱的敏感性；Y_{full} 为充分灌溉条件下冬小麦的产量；Y_{no} 为雨养条件下冬小麦的产量。

（C）灌溉的适应能力

冬小麦对干旱的适应能力是指冬小麦生态系统通过技术的发展和调整以适应干旱的气候条件，从而减轻干旱给冬小麦带来的不利影响的能力，即减轻干旱对冬小麦产量影响的能力。冬小麦对干旱的适应能力包括社会经济发展水平的适应能力和农业管理措施的适应能力两方面。本研究模拟了华北地区灌溉对粮食产量的影响，从而识别出不同地区灌溉对于潜在干旱的适应能力。其中，脆弱性评估中考虑了灌溉适应能力的变化。

$$\text{AC} = \frac{Y_{\text{tra}} - Y_{\text{no}}}{Y_{\text{full}}} \times 100\% \tag{12.5}$$

式中，AC 为灌溉降低产量损失的能力；Y_{tra} 为传统灌溉条件下的冬小麦产量；Y_{no} 为无传统灌溉条件下的冬小麦产量；Y_{full} 为充分灌溉条件下的冬小麦产量。

（D）社会经济发展水平对潜在干旱的适应能力

由于社会经济发展的区域性很强，不同地区的适应能力会不同。社会经济发展水平的适应能力从以下三方面评估。

（1）经济发展水平的适应能力，是指能够用于抵消干旱带来的不利影响的金融资本，经济发展水平越高，干旱的适应能力越高。本研究选取人均 GDP 和农民人均纯收入为评价指标。

（2）农业基础生产条件的适应能力，是指基础的农业生产条件能够抵消干旱带来的不利影响的能力，研究中选取有效灌溉面积百分比、单位灌溉面积配备的机井数和每公顷机械总动力，反映当地在灌溉方面的适应能力。

（3）人力资源的适应能力，是指人们对干旱风险的预估以及干旱技术的接受能力等，人力资源能力越高，其适应能力越强。

随着未来社会的发展，我国的经济发展水平、农业基础生产条件和人力资源能力都将进一步发展和提高，由于本研究未与经济发展模型相结合，因此假设未来社会发展保持不变，仅以 2010 年的经济发展数据评价其适应能力。应用层次分析法，确定了不同指标的权重（表 12-2），根据不同地区在农业基础生产条件、经济发展水平和人力资源能力方面的适应能力差异，将干旱适应能力划分为五个等级。

表 12-2　社会发展水平适应能力评价指标及其权重（括号内数据表示不同适应能力的权重）

适应能力	评价指标	指标权重
经济发展水平（0.3283）	人均 GDP	0.4743
	农民人均纯收入	0.5257
农业基础生产条件（0.4145）	有效灌溉面积百分比	0.4050
	单位灌溉面积配备的机井数	0.3148
	每公顷机械总动力	0.2802
人力资源（0.2527）	受教育的时间	1

第二节　华北地区农业气候资源格局及变化特征

一、气候资源分布及格局变化特征

近 50 年来，华北平原年平均最高、最低气温在时间变化上表现非对称性升高，年平均最高气温变化倾向率为 0.17℃/10a，年平均最低气温变化倾向率为 0.39℃/10a，年平均最低气温发生突变年份最早，在 1989 年即表现出了突变；其次是平均气温，突变发生在 1991 年；年平均最高气温发生突变最晚，突变年份为 1993 年。冬季最高和最低气温显著升高，最高、平均和最低气温变化趋势区域分布不尽相同，但均表现为北部增温幅度高于南部；全区域年平均最高、年平均和年平均最低气温由低到高发生突变的时间和空间分布不尽相同，最早发生升温的地区分别是河北秦皇岛、河南郑州，发生时间在 1981 年；较迟的分别是 2002 年山东济南、河南开封以及江苏盱眙地区；最迟的是 2003 年河北廊坊、山东惠民、河南开封和江苏盱眙地区，以及河北石家庄、唐山。

二、华北平原参考作物蒸散量和气象要素敏感性

近 50 年来，华北平原参考作物蒸散量年变化趋势为–0.52mm/a，但是没有通过显著性检验，从季节变化上来看，夏季以–0.75mm/a 减少（$P<0.01$），呈显著降低趋势。5 个基本气象要素太阳辐射量、相对湿度、最高温、最低温和风速年内变化曲线都是呈单峰曲线，但是到达峰值的时间各异。从 5 个基本气象要素年际和季节变化来看，太阳辐射量年际变化率为–9.26MJ/(m²·a)，夏季变化率最大，为–5.04MJ/(m²·a)；相对湿度年际变化率为–0.11%/a，秋季变化率最大，为–0.16%/a；风速年际变化率为–0.018m/(s·a)，春季变化率最大，为–0.025m/(s·a)；最高气温年际变化率为 0.14℃/10a，冬季最大，为 0.25℃/10a；最低气温年际变化率为 0.40℃/10a，冬季变化率最大，为 0.58℃/10a。5 个基本气象要素的敏感系数年内变化趋势略有区别，太阳辐射量和风速呈典型的单峰曲线变化，其他三个呈倒"U"形变化（图 12-1）。

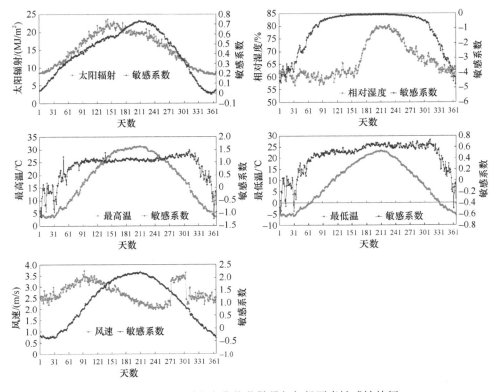

图 12-1　华北平原参考作物蒸散量与气候要素敏感性特征

从 5 个基本气象要素敏感系数年际和季节变化来看，参考作物蒸散量对风速的正敏感性最高，对太阳辐射的正敏感性最低。风速敏感系数平均为 1.01，变化率为 0.03/10a；太阳辐射敏感系数平均为 0.41，变化率为–0.005/10a；相对湿度平均为–1.11，变化率为 0.13/10a。

三、作物降水亏缺量和气象要素相关分析

华北地区自然降水量和作物需水量的匹配情况，基本可以反映作物降水亏缺值变化规律，可以侧面表征区域干旱程度，对采取适应技术措施具有参考价值（王林娜等，2022）。从华北平原冬小麦降水亏缺量空间变化特征来看，小麦全生育期降水亏缺程度由北向南逐步减弱，北部地区降水亏缺严重，南部地区降水亏缺相对较缓和。21 世纪的第 1 个 10 年，华北平原冬小麦全生育期内降水亏缺量平均为 236～245mm，大部分地区水分亏缺愈加严重，与 20 世纪 70 年代相比，河北省南部保定、石家庄地区，河南省郑州以及山东省济南地区冬小麦全生育期内降水亏缺加重程度明显。河南省郑州以及山东省济南地区 20 世纪 70 年代冬小麦全生育期内降水亏缺量在 200～300mm，近 10 年来降水亏缺量增至 300～350mm。河北省唐山、秦皇岛地区，山西省北部地区以及山东省胶东半岛地区冬小麦全生育期内降水亏缺程度有所缓和。20 世纪 70 年代，这部分地区冬小麦全生育期内降水亏缺量在 300～350mm，近 10 年来该地区冬小麦全生育期内降水亏缺量下降至 200～300mm，变化幅度在 50mm 以上。

从降水亏缺量与气候要素的相关分析中可见，冬小麦播种期—返青期内，影响降水亏缺变化最显著的因素为太阳辐射量和降水量，太阳辐射量的影响大于降水影响；返青期—拔节期内，对降水亏缺影响最显著的因素为太阳辐射量；拔节期—抽穗期内，主要影响因素为太阳辐射量和降水，太阳辐射量增加是主因；抽穗期—成熟期降水亏缺变化受降水、太阳辐射量及平均风速三者变化的综合影响，干旱加剧的主要原因是降水量的减少。

第三节　华北农业对气候灾害的适应能力

一、冬小麦对潜在干旱的暴露度

华北地区冬小麦对潜在干旱的暴露度等级主要为非常低、低和中等，高等级暴露度的地区非常少，说明 RCP8.5 情景下发生严重或非常严重的冬小麦气象干旱的可能性很小（表 12-3）。北京、天津、河北以及山东北部地区 36%～48%的地区处于中等级的暴露度。黄淮海 27%～31%的地区处于低等级暴露度，主要分布

在黄淮海中部地区，而黄淮海南部地区主要处于非常低等级暴露度（22%~33%）。黄淮海地区暴露度等级由北往南逐渐升高，与降水的区域变化趋势一致。2010s~2040s，中等级暴露度的面积逐渐增加，而非常低等级暴露度在逐渐减少，在2030s达到极值。未来降水的变化是导致暴露度时空分布特征的主要原因。

表 12-3　冬小麦对潜在干旱的暴露度（%）

暴露度	2010s	2020s	2030s	2040s
非常低	28	33	22	33
低	27	27	27	31
中等	44	40	48	36
高	1	0	3	0
非常高	0	0	0	0

二、冬小麦对潜在干旱的敏感性

华北地区冬小麦对潜在干旱的敏感性以非常高等级为主，占总面积的43%~67%，主要分布在北京、天津、河北、山东和河南北部。潜在干旱将导致这些地区的冬小麦产量减产55%以上。黄淮海南部地区的安徽、江苏、河南南部主要为高等级和中等级的敏感性。而处于低等级和非常低等级的敏感性区域非常少。由于黄淮海北部地区的气候相对干旱，冬小麦对潜在干旱的敏感性高于南部相对湿润的地区。相反，Liu 等（2010）的研究指出，北部地区作物对气候变化的敏感性高于南部地区，可能原因是研究中考虑的平均态的气候变化，包括升温和 CO_2 浓度升高，但是从研究中并没有识别出干旱的影响。事实上，极端气候事件如干旱和洪涝对作物产量有显著的影响。因此，在分析未来气候变化对作物产量的影响时，应重视干旱的影响。

冬小麦对潜在干旱的敏感性分析结果表明（表 12-4），冬小麦对潜在干旱在2030s 和 2040s 变得更加敏感，20%地区将转变为非常高等级的敏感性。67%的黄淮海地区将在 2030s 处于非常高等级的敏感性，这与暴露度的结果一致。结果说明，冬小麦对潜在干旱的暴露度和敏感性将在 2030s 变得更为严峻。中等级的暴

表 12-4　冬小麦对潜在干旱的敏感性　　　　　　　　（%）

敏感性	2010s	2020s	2030s	2040s
非常低	13	4	0	0
低	8	11	3	6
中等	12	15	15	11
高	21	27	14	19
非常高	46	43	67	64

露度和非常高等级的敏感性均发生在黄淮海北部地区，但是高等级敏感性的区域面积比中等级暴露度的面积大，说明尽管冬小麦对潜在干旱的暴露度风险不是很高，但是潜在干旱对冬小麦的影响将会非常显著。

研究结果表明：1981～2010 年的 30 年间，不同县级区域的冬小麦敏感性主要表现为低等和中等级别，其中 1991～2000 年的中等敏感区域范围最大，2001～2010 年中等敏感性区域较 1991～2000 年有所减少，但是仍高于 1981～1990 年的敏感性区域分布。华北地区冬小麦对干旱灾害的敏感区域主要集中分布于华北中部。

三、冬小麦对潜在干旱的适应能力

（一）灌溉设施和技术对干旱的适应能力

灌溉显著增加了冬小麦的产量。2010s～2040s，非常高和高等级适应能力的面积占比只有微弱的增加，说明当前灌溉措施的适应能力即将达到上限（表 12-5）。由于未来潜在干旱的影响愈发严重，需要改进灌溉来提高其适应能力。因此最有效的方式是通过升级改造现有的灌溉体系来提高水分利用率，从而增强灌溉的适应能力。

表 12-5　冬小麦对潜在干旱的适应能力　　　　　　　　　　（%）

适应能力	2010s	2020s	2030s	2040s
非常低	17	18	13	7
低	19	25	12	23
中等	13	14	24	21
高	25	19	28	20
非常高	26	24	24	23

2010 年底，我国只有 49.6%的耕地为灌溉用地，一半以上的耕地为雨养（国家防汛抗旱总指挥部，2013）。灌溉农田中 42.4%为渠道防渗，其作为低成本、低能耗的有效灌溉措施可以进一步推广。与漫灌相比，畦灌以及灌水量和灌水时间的控制等具有成本低、能耗低，且易于实施等特点，也是值得推荐的灌溉方式。目前，我国的管道输水灌溉以及喷灌和微灌的实施率分别只有 24.5%和 18.8%，主要是因为高投资限制了它们的广泛推广，建议经济较为发达的省份采用。Yang等（2003）建议建立水管理者和使用者明确、合法的水权，从而可以进一步强化水资源的保护和提高水资源利用率。因此，我们建议提高干旱适应能力的根本方法是通过完善和改进灌溉制度、政策和节水技术提高水分利用率。

冬小麦对潜在干旱的适应能力存在区域差异。非常高和高等级的灌溉适应能力区域主要分布在北京、天津、河北，说明该地区的灌溉措施和条件好于其他地区。河南省的灌溉适应能力由北往南逐渐降低。山东省的灌溉适应能力由西北的高、中等级降为西南部地区的低等级。安徽和江苏地区的灌溉适应能力相对较低。总体来说，黄淮海北部地区灌溉的增产作用高于南部地区。由于黄淮海南部地区的降雨较多且潜在干旱的暴露度低于北部地区，无灌溉条件下的作物产量相对较高。而且不同地区的灌溉水用量也不同，因此当前的结果反映的是当前灌溉条件的真实情况。

（二）社会发展水平对潜在干旱的适应能力

研究结果表明（适应能力 1～5 等级，数值越大适应能力越强），北京、天津以及山东北部地区，基础设施方面适应干旱的能力较强，处于 4 等级和 5 等级。山东南部地区基础设施适应干旱的能力相对于北部地区弱，处于 3 等级。河北省各市基础设施适应干旱的能力属于中等水平 3 等级。河南省各市适应干旱的能力较弱，处于第 2 等级。江苏省各市基础设施适应干旱的能力中等，除六安市和亳州市的适应能力较强以外，华北地区安徽省各市的干旱适应能力非常低，处于最低等级。

从经济发展水平与干旱适应能力的区域分布图来看，经济发展水平的干旱适应能力与基础设施的干旱适应能力的分布不太一致，适应能力的等级分布比较分散，北京、天津和山东东部各市的适应能力较强，河北省的邢台市、衡水市，河南省的商丘市、周口市、驻马店和信阳市的适应能力较低，其他处于中等水平。人力资源能力对干旱适应能力的区域分布较为均匀，河北、天津的适应能力最高，华北东南部地区（包括江苏和安徽各市）的适应能力较强，山东省各市的适应能力处于中等水平，河北省保定市的适应能力较低，河南省各市的干旱适应能力最低。

第四节　华北地区农业气候灾害的脆弱性

一、干旱脆弱性区域格局

冬小麦潜在干旱脆弱性的时段变化特征表明，非常高和高等级的脆弱性区域比例将分别由原来的 10% 和 18% 增加到 2040s 时段的 16% 和 42%（表 12-6）。中等级脆弱区域的比例将由 50% 下降到 27%，说明 RCP8.5 情景下，一些不太脆弱的区域将变得更加脆弱。

冬小麦潜在干旱的空间分布特征表明，黄淮海东北部地区比西南部地区脆弱。山东地区由于其非常高的敏感性和低适应能力，该省脆弱性主要为非常高和高等级。中等暴露度和非常高等级的敏感性导致河北东部和中部地区的脆弱性处于非

表 12-6　冬小麦对潜在干旱的脆弱性

脆弱性	2010s	2020s	2030s	2040s
非常低	5	2	0	0
低	17	17	10	14
中等	50	23	16	27
高	18	42	57	42
非常高	10	15	16	16

常高和高等级。作为粮食产量大省，山东省和河北省是对潜在干旱最为脆弱的省份。因此，为了保证我国粮食安全，需要在这些省份优化选择适应措施，降低冬小麦对潜在干旱的脆弱性。

脆弱性评估过程中只考虑了灌溉的适应能力，而其他社会经济因素没有考虑。在评估冬小麦的脆弱性时，农业管理措施和适应措施比社会经济统计资料更为重要，因此没有考虑社会经济因素也具有一定的意义。

二、华北地区综合脆弱性

采用多标准综合评估与模型相结合的方法，分析了华北地区农业气候资源格局及变化特征。华北地区的平均温度逐年升高，降水资源的分配与农业需求量匹配不好，导致华北地区的干旱日益严重。明确了 RCP8.5 排放情景下，冬小麦对潜在干旱的适应能力和脆弱性。冬小麦对潜在干旱的敏感性和暴露度的时空分布特征一致，但最敏感区域多于最大暴露区域的面积。灌溉可以有效减少潜在干旱对冬小麦产量的负面影响。华北地区冬小麦的气候变化脆弱性程度日益严重，以山东和河北为最脆弱的省份，应该改进和完善灌溉技术体系，提高适应能力、降低脆弱性。

参 考 文 献

国家防汛抗旱总指挥部. 2013. 中国水旱灾害公报. 北京: 中国水利水电出版社.

王林娜, 韩淑敏, 李会龙, 等. 2022. 华北平原蒸散发变化及对植被生产力的响应. 中国生态农业学报(中英文), 30(5): 735-746.

杨天一, 王军, 张红梅, 等. 2022. 基于单作物系数法的华北平原典型农业生态系统蒸散规律研究. 中国生态农业学报(中英文), 30(3): 356-366.

Houghton J T, Ding Y, Griggs D J, et al. 2001. Climate Change 2001: The Scientific Basis. Cambridge: Cambridge University Press.

Liu S X, Mo X G, Lin Z H, et al. 2010. Crop yield responses to climate change in the Huang-Huai-Hai Plain of China. Agricultural Water Management, 97(8): 1195-1209.

McCarthy J J, Canziani O F, Leary N A, et al. 2001. Climate Change 2001: Impacts, Adaptation and

Vulnerability. Cambridge: Cambridge University Press.

Parry M L, Canziani O F, Palutikof J P, et al. 2007. Contribution of Working Group II to the Fourth Assessment Report of the Intergovernmental Panel on Climate Change. Cambridge: Cambridge University Press.

Yang H, Zhang X H, Zehnder A J B. 2003. Water scarcity, pricing mechanism and institutional reform in northern China irrigated agriculture. Agricultural Water Management, 61(2): 143-161.

Zhang L, Chu Q Q, Jiang Y L, et al. 2021. Impacts of climate change on drought risk of winter wheat in the North China Plain. Journal of Integrative Agriculture, 20(10): 2601-2612.

Zhao H G, Huang Y C, Wang X W, et al. 2023. The performance of SPEI integrated remote sensing data for monitoring agricultural drought in the North China Plain. Field Crops Research, 302: 109041.